KB082423

완벽을 향한 열정

엔지니어 멘토 03

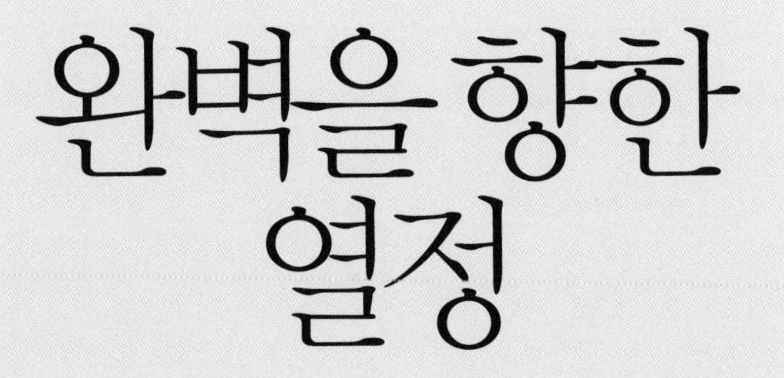

김종훈 지음

추천글

사회의 안전을 책임지는 소셜 닥터

고층 건물이 빼곡한 도시. 남산 타워에서 바라본 서울의 인상입니다. 서울의 중심을 관통하는 한강을 사이에 두고, 그물망처럼 얽힌 도로망과 고층 건물들이 파노라마처럼 시원하게 펼쳐집니다.

도시는 풍부한 인프라를 바탕으로 수많은 사람들이 살아가는 공간입니다. 우리가 쾌적함과 편리함을 영위하며 살아갈 수 있는 것도 이러한 도시의 인프라 덕입니다. 밀집된 도시에서 사회적 인프라가 제 기능을 못 한다면 도시는 이내 마비되고 말 것입니다.

요즘 안전 사회에 대한 시민들의 요구가 뜨겁습니다. 아마도 사회 현상과 무관하지 않을 것입니다. 1970년대 산업화 시대를 거치면서 우리나라는 급격히 성장했습니다. 건설 산업의 주도로 항만, 도로, 철도 등 각종 인프라를 구축하고 대대적인 도시 개발에 나서며 단기간에 비약적인 성장을 이뤘습니다.

하지만 그로 인한 부작용도 만만치 않습니다. 부실 공사로 인한 참사가 매년 되풀이되고, 취약한 사회 안전망으로 인한 인재 사고가 불시에 터집니다. 압축 성장의 이면에 감춰진 뼈아픈 희생입니다. 앞으로 건설 산업을 포함한 사회 전반의 일대 혁신이 없는 한, 시민들의 불안과 안전사고에 대한 분노가 더욱 거세질 것이라는 건 분명합니다.

김종훈 회장은 과거의 성장 프레임에 갇혀 외면해 온 안전 의식과 시스템의 필요성을 건설 산업 초기부터 강조해 온 사람입니다. 건설업계에서는 엔지니어를 소셜 닥터라고 부릅니다. 의사가 사람의 생명을 살리듯 건설 산업의 안전을 책임져 수만 명의 사람을 살리기 때문입니다.

우리 사회가 처한 많은 문제를 그처럼 끊임없이 고민하고 집요하게 파고 들어간 사람은 없을 것입니다. 그리고 끝내 변화를 이끌어냈습니다. 그런 점에서 그는 진정한 소셜 닥터라고 할 수 있습니다.

김종훈 회장은 특이한 이력의 소유자입니다. 말단 엔지니어로 시작해 건실한 중견 기업의 경영자 위치에 오른 인물입니다. 또한 건설사업 관리(CM)를 국내 최초로 도입한 선구자이자, 초고층 건설 전문가 1세대입니다. 그의 노력이 토대가 되어 우리나라가 초고층 건설 분야에서 세계를 리드할 수 있었다고 생각합니다.

환경이 어려울수록 변화가 필요합니다. 독자들이 이 책을 읽고 지칠 줄 모르는 열정과 집요함이 어떤 긍정적인 변화들을 가져오는지를 느꼈으면 좋겠습니다. 책을 통해 꿈을 좇는 공학도들이 새로운 이정표를 찾을 수 있으리라 확신합니다.

오영호(한국공학한림원 회장)

목차

1
내 안에 있는 승부사 DNA 끄집어내기

"공사 기간을 24개월에서

20개월 내로 줄이겠습니다."

성공할 수 있다는 확신이 있던 나는

관계자들에게 비장의 카드를 던졌다.

24개월도 한참 부족한 마당에 공사 기간을

20% 줄이겠다고 폭탄선언을 한 것이다.

진짜 승부사는 고비에서 빛난다

어려서부터 난 지는 걸 아주 싫어했다. 한번 마음을 먹으면 지독하다는 말을 들을 정도로 끈질기게 행동했다. 하다가 중도에 멈추거나 포기하는 일은 스스로 용납 못 하는 성격이다. 그래서 시작한 일은 끝을 봐야만 했다. 이와 같은 특유의 승부사 기질 덕분에 지금까지 살아오면서 있었던 몇 번의 아찔했던 순간에도 고비를 넘길 수 있었다.

내 인생에서 가장 먼저 떠오르는 고비의 순간은 고등학교에서 무기정학을 당한 때다.

어렸을 적 난 모범생과는 거리가 멀었다. 공부를 잘했던 것도 아니고, 선생님 말씀을 고분고분 잘 듣는 학생도 아니었다. 중학교에 들어가서도 공부에는 별 관심이 없다가 3학년 즈음이 되어서야 진로 고민과 함께 공부를 시작했다. 공부를 잘하고 못하고의 차이가 거의 신분 차이와 같다는 걸 깨닫고서 뒤늦게 공부의 필요성을 절감한 것이다. 그때부터 의도적으로 반 우등생들과 가까이 지내면서 그 친구들의 도움을 받아 공부를 했다.

공부 목표도 정했다. 일단 상위권 고등학교에 들어가는 것이었다. 공부한다고 처음으로 코피도 쏟아봤다. 오로지 공부에 매달린 결과 중간 하던 성적이 가파르게 올라갔고, 명문으로 알려진 고등학교에 들어갈 수 있었다. 하지만 목표를 이룬 뒤 난 다시 예전의 생활로 돌아갔다. 공부 요령이 생겨 그런대로 반에서 중상위권을 유지하기는 했으나 세상을 보는 시선은 삐딱했고 학교생활도 궤도에서 벗어나기 일쑤였다. 주먹 꽤나 쓴다는 학생들이 모인 클럽에 가입한 것도 그즈음이다.

내가 고등학교 다니던 시절엔 특별 활동반의 선후배 관계가 아주 엄격했다. 군기를 잡는다는 명목으로 선배들이 후배들을 몽둥이찜질하는 일도 예사였다. 게다가 가입은 쉬워도 탈퇴는 어려운 게 특별 활동반이었다. 탈퇴하기 위해서는 흠씬 두들겨 맞을 각오부터 해야 했다. 내가 가입한 특별 활동반은 역도반으로 학교에서 군기가 세기로 유명했다. 2학년 초에는 'samebody'란 클럽에 가입했는데 이는 학교 최대의 문제아 집단이었다. 나와 동기들은 일순간에 학교의 대표 주먹으로 자리매김했다. 나쁜 짓은 자제했지만 싸움이라면 어디서든 결코 지지 않았다.

고3 종업식을 마친 날, 내 일생 운명을 가름할 최대의 사건이 터졌다. 사건의 발단은 이러했다. 우리 클럽에서 힘이 가장 약한 아이를 학교 내 다른 클럽 아이가 건드렸다. 그냥 넘어갈 수가 없었다. 종업식도 했겠다, 학교의 감시도 느슨해졌으니 우리는 세상 무서울 게 없었다. 우리들은 우리 클럽에 대한 도전이라며 "그냥 넘어가선 안 된다", "손 좀 봐주자" 하곤 상대 클럽의 학생들을 학교 뒤 폐건물로 불러냈다. 순순히 불려 나온 아이들을 우리는 점령군처럼 꾸짖고 몽둥이질을 했다. 일방적인 집단구타였다.

그런데 어떻게 알았는지 선생님들이 우리들을 잡으러 뛰어왔다.

"튀어!"

누군가의 외침에 우리는 구타를 멈추고 죽기 살기로 도망치기 시작했다. 발 빠른 몇몇은 벌써 저만치 도망쳐 안전지대로 빠졌지만 나는 방향을 잘못 잡고 허둥댔다. 급한 마음에 학교 옆 어느 집 담벼락을 넘으려고 하는데 집 주인이 뛰쳐나왔다.

"이 녀석이 어디 남의 담벼락을 무너뜨리려고!"

결국 나는 집주인의 고성에 뒤쫓아오던 선생님에게 들켰고, 그대로 선생님에게 목덜미를 잡힌 채 교무실에 끌려갔다. 나보다 앞서 잡힌 일행들 몇 명이 보였다. 나란히 무릎 꿇고 앉은 우리는 선생님들에게 엄청나게 맞았다. 그 일로 나는 고막이 찢어졌다. 하지만 그때 당한 인간적인 모멸에 비하면 물리적인 구타는 아무것도 아니었다.

학교에선 이 사건을 그냥 넘기지 않았다. 죄질이 고약하다는 이유로 나를 포함한 친구 몇 명에게 무기정학을 내렸고, 클럽 회장은 주

모자로 찍혀 퇴학 처분을 받았다. 고등학교 졸업과 대학 입학시험을 코앞에 두고 벌어진 일이었다. 그뿐만이 아니다. 학교에선 나쁜 버릇을 고치겠다며 1차 대학 입시 원서를 써주지 않았다. 하늘이 무너지는 듯한 절망감이 덮쳤다. 결국 난 2차 대학원서 접수 기간이 되어서야 정학이 풀려 겨우 원서를 쓸 수 있었다.

하지만 더 큰 고난이 기다리고 있었다. 진학 대학을 두고 아버지와 의견이 부딪힌 것이다.

"종훈아, ○○대학 ○○○과에 들어가라. 이 대학에 가면 학비도 들지 않고, 숙식도 무료란다. 성적이 우수하면 유학도 보내준단다."

집안의 경제적 형편을 감안해 아버지는 끈질기게 이 대학으로 진학할 것을 요구했다. 하지만 아버지의 설득에도 나는 꿈쩍하지 않았다. 1차 원서를 안 써준 선생님들에게 한이 맺혔고 오기가 뻗칠 대로 뻗쳐서 2차 대학 시험은 아예 치고 싶지도 않았다.

그럴수록 아버지는 완고하게 밀어붙였지만 내 고집도 만만치 않았다. 서로 한 치의 양보도 없는 접전이 이어졌다. 나는 퇴학당한 친구와 무작정 가출을 감행했다. 그러다가 경기도 포천에 있는 친구의 작은아버지 댁을 찾았다. 하루 온종일 하는 일이라고는 둘이서 바둑 두는 것이 전부였다. 2차 시험일에도 여전히 나는 포천에서 바둑을 두고 있었다.

거기서 보름을 지낸 뒤 집으로 돌아왔다. 혼날 각오를 단단히 하고 집에 들어왔는데, 나를 본 아버지께서는 아무 말씀도 안 하셨다. 다른 때 같으면 불같이 화를 내고 언성을 높였을 아버지인데, 체념 어린 표정뿐이었다. 예상 못 한 아버지의 태도에 난 몹시 당황했다. 그날부터 아버지 얼굴을 마주 대할 수가 없었다. 나에 대한 실망감이 크셨던 모양이다.

'그래. 내가 할 수 있는 일이란 최선을 다해 공부해서 내가 원하는 대학에 붙는 길뿐이다.'

서울 광화문 근처에서 재수 생활을 시작했다. 입시 압박감을 견디며 학원과 집을 오가는 단조로운 시간들이 이어졌다. 하지만 다람쥐 쳇바퀴 도는 일상에 절망은 시도 때도 없이 찾아왔다. 그때마다 나를 제자리에 돌아오게 만든 건 아버지의 체념 어린 눈빛이었다. 모진 매보다 나를 더 떨게 했던 아버지의 눈빛을 떠올리며 나는 다시 공부에 집중했다. 천만다행으로 이듬해에 나는 내가 원하던 서울대 건축과에 장학금을 받고 입학했다.

한때의 잘못으로 혹독한 대가를 치른 10대의 마지막 시절 이야기다. 아버지는 내가 대학에 들어가는 걸 못 보시고 재수하는 해 8월에 세상을 하직하셨다. 막심한 불효를 저질렀다. 지금도 그때 아버지의 표정이 아른거린다.

대학에 진학하고 나서는 건설사의 사장이 되어보겠다는 막연한 꿈을 꿨다. 졸업 후 몇 군데 회사에서 경험을 쌓다가 꿈을 구체화해 결국 창업을 하게 되었다.

당시 우리나라에는 전무했던 CM(Construction Management, 건설사업 관리)

회사를 설립하는 것도 모험이었지만 더 큰 위기는 회사 창립 2년 만에 찾아왔다. IMF 외환 위기가 터지면서 회사 경영 상태가 극도로 어려워진 것이다. 대부분의 기업들은 구조 조정을 해 회사의 몸집을 줄이는 방법을 택했다. 하지만 나는 그와는 다른 승부수를 던졌다. 외국인들은 본국으로 돌려보내더라도 한국인은 같이 가야 된다는 원칙을 세웠다. 죽어도 같이 죽고 살아도 같이 살아야 한다는 고등학생 때의 '의리의 리더십'이 작동한 것이다.

만약 다른 회사들처럼 구조 조정을 하고 직원을 해고했다면 '천국 같은 회사'를 만들자는 대원칙도 무너졌을 것이다. 이후 상암동 월드컵 주경기장, 타워팰리스 등 랜드 마크 프로젝트의 CM 용역을 수주하고 외국인 투자 프로젝트에서 독보적인 경쟁력을 발휘해 외환위기를 슬기롭게 잘 극복했다.

세상을 살아가다 보면 막다른 길에 맞닥뜨려 배수진을 쳐야 할 때가 있다. 그럴 때는 모든 것을 걸고서라도 정면승부를 펼쳐야 한다. 죽기 살기로 해야 한다. 악착같이 버텨내고, 끝까지 밀고 나가려는 고집도 필요하다. 성공하기 위해서는 기본 능력이 있어야 하고 운도 따라야 하겠지만 성공을 실행시키는 가장 큰 열쇠는 '승부 근성'이다. 중요한 결정의 순간을 간파하고 끝까지 승리를 거머쥐려는 집요함이 필요하다.

나는 역사 속 인물 중에서 승부사의 기질을 가장 잘 보여준 사람이 이순신 장군이라고 생각한다. 임진왜란 때 엄청난 수적 열세에도 불구하고 전세를 역전시켜 승전을 올린 수많은 전투들은 그의 집념을 잘 보여준다. 노량을 향하며 홀로 갑판에 나가 무릎을 꿇고 하늘에 마지막 소원을 빌었을 때에도, 학익진(鶴翼陣) 전법으로 전쟁의 승기를 잡았을 때에도, 명량대첩을 앞두고 수적 열세에 처해 승리를 점치기 어려웠을 때에도 그는 '필사즉생 필생즉사(必死則生 必生則死)'라는 말로 수군들과 결의를 다졌다. 그리고 조선 수군은 목숨을 건 각오로 전투에 임해 역사에 길이 남을 명장면을 남길 수 있었다.

필사즉생 필생즉사, 즉 죽으려 하면 살고 살려고 하면 죽는다. 이 말은 결국 흔들리지 않는 신념이 있으면 승리할 수 있다는 메시지라고 생각한다. 죽기 살기로 싸우는데 어느 누가 당할 수 있을 것인가.

사실 우리 주위에도 안 보이는 적들이 얼마나 많은가. 무사안일주의, 현실과의 타협, 말만 하고 실천에 옮기지 못하는 것, 변화와 혁신을 기피하는 마음 등은 우리 공동의 적들이다. 불투명성, 저가공세, 엉터리 관행, 제도적 모순 등도 사회적인 적들이라고 말할 수 있을 것이다.

한번쯤 최고가 되기를 꿈꿔봤다면 그 꿈을 이루기 위해서는 모든 노력을 다해 끈질기게 실행해야 한다는 것은 잘 알 것이다. 패기와 열정으로 미래를 개척해 가다가도 인생의 도전 앞에 한없이 나약해지는 순간이 있다. 현재 절망과 좌절의 늪에서 주춤거리고 있는 젊은이라면, 그들에게 이 말이 '꿈은 이루어진다'는 희망 메시지로 전달되었으면 좋겠다.

"지금이 인생의 고비라고 느껴진다면 배수의 진을 치고 돌파하겠다는 용기를 내보세요. 이순신의 필사즉생 필생즉사의 말처럼 죽기살기로 도전해보세요."

약점은 강점일 수 있다

스페인의 건축가 안토니오 가우디는 '건축이란 무엇인가?'라는 근본적인 물음에 새롭게 정의를 내린 건축가이다. 그가 지은 건물 중 7개가 유네스코 세계문화유산으로 지정되는 등 전무후무한 기록을 보유하고 있다. 가우디는 예술로 승화된 건축을 유감없이 보여주었을 뿐 아니라 경영자로서의 면모도 발휘해 건축의 지평을 넓히는 데 공헌했다.

세계적인 건축가로 추앙받는 가우디이지만 그의 어린 시절 환경은 그다지 좋지 못했다. 태어나면서부터 몸이 약하고 폐병과 관절염을 심하게 앓아 침대에 누워 있는 날이 많았다. 학교에 잘 나가지도 못했고, 몸이 약한 가우디를 찾아오는 친구들도 없었다. 가족들 외에는 주위에 말벗 할 사람도 없고 밖에서 신나게 뛰어 놀 수도 없는 처지였지만 가우디는 자신의 상황을 비관하지만은 않았다. 혼자 있는 그 시간 동안 자신의 주변과 자연을 관찰하면서 상상의 나래를 펼쳤다.

그가 태어나고 자란 소도시 리우돔스와 레우스는 바르셀로나의 남쪽 해안 도시 타라고나 인근 도시로, 모두 로마 시대의 역사 유적지이다. 타라고나는 로마 시대 이후의 각종 건축 유적이 모여 있는 도시인데, 스페인 건축의 축소판이라 불린다. 수천 년의 역사가 담긴 고대 도시는 어린 가우디에게 광대한 놀이터였다. 그는 마치 유서 깊은 고대 도시의 숨결을 흡수하듯이 곳곳에 널려 있는 유적들을 바라보며 몇 시간씩 꿈쩍하지 않았다고 한다.

친가와 외가 남자들이 모두 대장장이였던 것도 가우디가 독특한 건축물을 만드는 데 큰 영향을 끼쳤다. 아버지를 따라 대장간에 가서 불꽃을 구경하는 일은 그에게 또 하나의 즐거움이었다. 단단한 무쇠가 불에 달구어져 엿가락처럼 휘는 모양도 신기했고, 대장장이들이 무쇠를 자유자재로 길게 늘어뜨리거나 휘어 다듬어서 아름다운 수공예품으로 만드는 것은 놀라움 그 자체였다. 볼품없는 쇳덩어리가 살아 있는 것만 같은 3차원의 형상을 갖추는 것을 보며 그는 입체감과 공간감을 자연스레 익혔다.

가우디의 건축물에서만 느낄 수 있는 독특한 특징들, 즉 돌과 벽돌, 타일, 철을 자유자재로 다루면서 건축물에 곡선미를 부여해 전체가 하나의 완성된 조각상 느낌이 나게 하는 특징들은 그가 어릴 적 대장간에서 보고 느낀 것들이 바탕이 되었을 것이다.

가우디는 건축학교에 입학했지만 학교에선 두각을 나타내지 못했다. 기하학 빼고는 성적도 형편없었다. 여전히 학교 공부보다는 자연을 통해 상상하는 일에 더 많은 시간과 에너지를 쏟았고, 건축 설계에 필요한 기본기는 오히려 설계사무실에서 일할 때 배웠다.

가우디가 현대 건축에 큰 발자취를 남길 수 있었던 이유 중 하나는 다른 사람들과는 다른 약점이 있었기 때문이다. 뛰지 못할 정도로 병약한 몸이었기에 홀로 있는 그 시간 동안 자연과 주변 유적들을 관찰하고 상상력을 키울 수 있었을 것이고, 그로 인해 남들은 따라 할 수 없는 자연의 아름다움을 닮은 건축물을 만들 수 있었을 것이다. 아이러니하게도 그보다 건강했던 그의 형제들은 모두 단명하고 가우디는 74세까지 살았다고 한다. 가우디가 죽은 1920년대 당시만 해도 스페인 사람들의 평균 수명이 40세 안팎이었다고 하니 꽤 장수한 셈이다. 사망 이유도 교통사고였으니, 만약 사고를 당하지 않았다면 90세까지 장수하면서 아직까지 미완 상태인 사그라다 파밀리아 성당 완성에 온 힘을 기울였을지도 모르겠다.

일본인들이 가장 존경하는 경영자이자 '경영의 신'으로 알려진 마쓰시타 전기 산업 창립자 마쓰시타 고노스케 역시 자신의 약점을 강점으로 승화시킨 인물이다.

고노스케는 집안이 무척 가난했던 탓에 초등학교도 제대로 마치지 못했다. 게다가 가우디와 마찬가지로 몸이 약해서 회사에 들어가서도 근무를 오래 할 수 없었다. 가난과 병약한 신체라는 이중고를 겪으면서도 그가 경영의 신이 될 수 있었던 것은 역설적으로 자신의 약점을 잘 알고 있었기 때문이다. 실제로 오사카 전등회사에 취직해 검사원이 됐지만 그는 몸이 약한 탓에 쉬는 날이 많았다고 한다. 일을 쉬면 일당을 받지 못하고 끼니를 걸러야 해 결국 회사를 퇴직하고 스스로 회사를 만들었다는 일화는 유명하다.

그는 한 언론과의 인터뷰에서 다음과 같은 말을 했다. 집안이 가난해서 일찌감치 세상에 나가 경험을 쌓았고, 몸이 약해서 평생 건강을 관리하며 나빠지지 않도록 조심했다고. 또 많이 배우지 못한 덕에 누구를 만나든 늘 배움의 자세를 잃지 않았다고 한다. 이러한 자기 성찰이 있었기 때문에 경영을 단순한 돈벌이로 여기지 않고 사람들의 행복에 기여하는 종합예술로 정의하면서 마쓰시타 전기를 글로벌 기업으로 성장시켰던 것이다.

사람들은 흔히 약점을 드러내길 꺼려한다. 사회생활을 하는 사람들 중에는 자신의 약점을 감춰야 한다고 여기는 사람들이 특히 많다. 관점을 조금 바꿔보자. 개인이든 기업이든 장점과 약점이 한 가지씩은 있게 마련이다. 어느 한쪽이 더 많거나 적을 수는 있지만, 장점만 있고 약점은 전혀 없는 사람은 없다. 회사도 마찬가지다. 그러므로 인생의 성패는 자신의 장점을 살려나가면서 약점을 어떻게 극복하는가에 달려 있다고 할 수 있다.

자신의 약점을 최대한 감추는 사람들 중에는 반대로 남의 약점을 드러내려는 사람들이 많다. 이런 사람들은 칭찬에는 인색하고 단점을 부각해서 쉽게 지적하고 비판하는 데 익숙하다. '칭찬받을 일을 해야 칭찬할 게 아니냐'며 쏘아붙이는 경우도 많다.

나 역시 어린 시절을 떠올려보면 칭찬받은 기억이 많지 않다. 남자 형제들 중에 막내인 나는 집안에서 관심의 대상이 아니었다. 형들의 낡은 옷과 물품을 물려받는, 재활용 인생이었다. 그게 너무 싫어서 나는 혼자 엇나가고 공부에도 소홀했다. 현실에 불만이 많아 반항심이 몸에 밴 학생이었으며, 그러다 보니 외부를 보는 시각이 극단적인 경우가 많았다.

어릴 적 형성된 성격은 사회에 나가서도 잘 바뀌지 않았다. 회사원이었을 때에는 꼼꼼하고 완벽하게 일처리를 해 칭찬을 받았지만, 회사 간부가 되고 대표가 되어서는 구성원들에게도 완벽한 일처리를 요구했다. 구성원들을 엄하게 다룰수록 그 사람이 발전할 수 있다고 생각했고 용장 밑에 약한 졸병은 없다고 생각했다. 사람들을 격려하고 칭찬하기보다는 지적하고 질책하는 태도가 어느새 몸에 배어버린 것이다. 이러한 점은 앞으로도 끊임없이 성찰하고 바꿔가야 할 내 모습이라고 생각한다.

약점에 민감해지면 이를 지적하는 대상에 대한 반발 심리가 강해지고 좌절감만 심해진다. 약점을 대하는 마음가짐부터 바꾸자. 자신의 약점과 마주하면 자세가 겸손해지고 말과 행동을 조심하게 된다.

명심보감에 "장단(長短)은 가가유(家家有)요, 염량(炎凉)은 처처동(處處同)"이라는 말이 있다. 장점과 단점은 집집마다 있고, 따뜻하고 싸늘

한 것은 어디나 다 마찬가지라는 뜻이다. 정자(程子)는 "존경받는 사람은 장점을 취할 뿐이지 남을 함부로 비판하거나 남의 허물을 말하지 않고 오히려 단점을 덮어주며 위로한다"고 말했다. 언제나 남의 말을 경청하고, 스스로 누운 풀처럼 겸손하며, 나아가 남의 단점은 덮어주고 상대도 모르는 그 사람의 장점을 찾아 칭찬하는 사람이 절실히 필요한 시대를 우리는 살고 있다.

실패를 '좋은 경험'이라 세뇌하지 마라

2011년 중동 지역 출장 중 쿠웨이트를 방문했다. 쿠웨이트 유정 시큐리티 프로젝트를 진행하고 있던 우리 구성원을 격려하고 발주사의 임직원들을 만나기 위해서였다. 그리고 또 다른 볼일도 있었다.

1984년 초, 30대 중반에 처음으로 해외 현장 소장 발령을 받아서 부임했던 곳이 바로 쿠웨이트 H호텔 컨퍼런스 센터 현장이었다. 당시 쿠웨이트가 걸프 지역 아랍 6개국의 경제블록인 GCC(Gulf Cooperation Council)의 회의를 유치한 후, 회의 장소를 마련하기 위해서 시작된 프로젝트였다. 회의까지 기한이 얼마 남지 않았기 때문에 무리해서라도 장비와 인원을 집중적으로 투입하여 6개월 만에 끝내야 하는 공사였다. 그런데 쿠웨이트 지사장과 프로젝트를 직접 수주한 상무이사가 나를 지목하여 현장 소장으로 와달라고 요청했다.

이뤄낼 자신감이 없었지만 회사에서 너무나 강력하게 요청하니 할 수 없이 부임했다. 아니나 다를까, 나름대로 열심히 했지만 몇 달 못 가 나는 소장직에서 해임되었다. 처음으로 쓰디쓴 좌절을 맛본 프로젝트였고, 나로서는 이 호텔이 뼈아픈 실패의 현장이었다.

젊은 시절 실패를 겪은 프로젝트 현장을 어렵사리 방문하여 주위를 둘러보고 기념사진도 찍었다. 그 사이에 호텔은 이름도 바뀌어 있었다. 27년의 세월을 돌이켜보니 감회가 새로웠다.

사실 내 청춘을 돌이켜보면 실패의 경험이 많다. 학창 시절부터 크고 작은 실패의 연속이었다. 앞서 이야기했듯이 학교에서 사고를 일으켜 무기정학을 당한 적도 있고, 대학 원서를 쓸 수 없어 재수를 선택해야 했으며, 대학을 졸업할 즈음에는 대학원 시험에도 한번 떨어졌다. 직장생활을 하면서도 수많은 좌절을 겪었다. 프로젝트를 진행하거나 수주하는 과정에서 실수하거나 실패를 맛보는 일은 다반사였다. 회사원이었을 때는 실수를 해 징계 처분을 기다리던 순간도 있었고, 회사 대표가 되어서는 입찰 경쟁에 나섰다가 수주를 하지 못한 적도 있다.

하지만 당시에는 실패라고 생각했던 것이 또 다른 기회였다는 것을 나중에야 알았다. 대학에 가기 위해 재수했던 1년은 정말 괴롭고 힘들었던 시기였지만 그 1년이 나를 인격적으로 성숙하게 만들었다. 대학원 시험에서 떨어진 것도, 회사 다니던 중 CM을 공부하기 위해 입학 승인까지 받은 영국 유학을 포기한 것도, 생각해 보면 잘됐다 싶다. 지금의 나를 있게 해주었으니 말이다.

몇 번의 이직을 하고 회사를 다니면서는 막연하게 건설 회사의 사장이 되겠다는 꿈을 키워 왔다. 그리고 40대 후반에 회사의 대표가 되었고 어느새 20년째를 맞이하고 있다. 회사를 경영하면서 수많은 난관에 부딪혔지만, 아이러니하게도 고등학교 종업식 즈음에 겪은 최악의 상황이 내게 큰 도움이 됐다. 실패를 딛고 일어서본 사람만이 가질 수 있는 힘이 내 안에 굳건하게 자리 잡고 있기 때문일 것이다. 나는 그 힘을 믿고 회사의 생존이 걸린 중대한 고비마다 과감히 배수의 진을 치고 덤벼 위기를 넘길 수 있었다. 그래서 나는 일찍 실패를 경험해 본 청춘이 지닌 힘을 믿는다.

하지만 여기서 내가 말하는 실패는 약간의 부연설명이 필요하다. 내가 말하는 실패 경험이란 딛고 일어설 만한 '작은 실패'의 경험이다. 많은 사람들이 실패를 긍정적인 경험으로 포장하지만, 나는 정반대의 말을 한다. 실패의 두려움을 겪어봐서 잘 알고 있는 나는 대놓고 실패의 위험함을 말한다. 실패한 후 귀한 경험을 얻고 더 큰 성공을 얻는 것도 좋지만, 그보다 더 좋은 건 철저하게 준비해서 성공 가능성이 높은 도전을 하는 것이다. 성공이란 현재의 처지가 얼마나 좋고 나쁘냐의 문제가 아니라 얼마나 열정을 갖고 그 길을 개척하느냐의 문제이기 때문이다.

어떤 일을 한 번에 성공시키기란 어렵다. 하고 싶은 일을 단번에 이뤄냈다면 그건 정말 대단한 일이다. 대다수는 몇 번의 실패를 거치고, 그중에는 실패에서 영원히 벗어나지 못하는 사람들도 있다.

실패학도 생겨났다. 실패에 좌절하지 말고, 실패 경험을 살려 성공의 다른 기회로 삼자는 것이다. 세계 유명 기업들도 실패 경험을 사회생활의 중요한 자산 가치로 인정해준다. 세계적인 기업인 구글만 해도 직원들에게 실패한 경험을 발표하고 실패를 겪는 과정에서 무엇을 배웠는지를 서로 공유하도록 권장한다. 우리 역시 '실패는 자산이다', '실패는 성공의 어머니' 등과 같이 실패에 대한 명언을 자주 쓰곤 한다.

하지만 내 생각은 다르다. 실패는 어쩔 수 없는 결과지만 가능한 한 용납해서는 안 된다고 생각한다. 젊은이들에게 조언을 할 때도 되도록 실패하지 말라고 한다. 우리 사회가 결코 실패에 관대하지 않기 때문이다. 흔히들 개인의 실패를 값비싼 수업료라며 그 의미를 축소시키지만, 사회적으로 보는 시각은 다르다.

그렇다고 실패를 두려워해, 아무 도전도 하지 말라는 뜻은 아니다. 내가 강조하는 것은, 이미 실패를 했다면 같은 실패가 연속되지 않게 하는 데 집중해야 한다는 뜻이다. 회사를 경영하는 중에 실패했다면 다음번엔 같은 실패를 하지 않도록 '관리'에 포인트를 맞추고, 실패에서 얻은 교훈을 바탕으로 같은 실패를 되풀이하지 않도록 최대한 노력해야 한다.

젊은이들에게 작은 실패가 성장에 좋은 밑거름이 될 순 있다. 거듭 말하지만 실패를 용인하는 문화나 실패를 장려하는 문화도 필요하나 실패를 반복하거나 실패를 훈장처럼 생각해서는 안 된다. 사람들은 실패를 통해 다음 단계로 나아가는 걸 확인할 때에만 실패를 용인한다. 실패를 구분 없이 용인하는 문화에 현혹되지 말고 처음부터 스스로 성공하는 길에 초점을 두어야 한다.

오직 원칙에만 집중하라

회사 창립 이래로 지금까지 끊임없이 지향해 온 경영 철칙이 있다. '구성원 중심으로 회사를 운영'하자는 것이다. 구성원 중심으로 회사를 경영하면 '출근하고 싶은 회사', '일하기 좋은 회사'가 되고 더 나아가 '천국 같은 회사'가 된다. 그 신념을 지키기 위해 세운 원칙이 있다. '규정이나 해석이 애매할 때는 회사 편에 서지 말고 직원 편에 선다'는 것이다. 이 원칙은 지금까지도 우리 회사의 불문율로 이어지고 있다.

회사의 세 원칙이 흔들리는 위기는 생각보다 빨리 왔다. 회사를 창립한 지 2년이 되지 않아 IMF 외환 위기가 터졌다. 우리 회사가 신생 회사에서 겨우 벗어났을 때다. IMF 외환 위기는 사람들에게 이름을 서서히 알려가려고 하는 우리 회사에 더욱 위협적으로 다가왔다.

상암 월드컵 주경기장 CM 수주라는 큰 성과를 얻었지만 매출은

반 토막이 났고, 외국에서 파견한 직원들도 대부분 철수했다. 직원들이 합심해 발로 뛰며 어떻게든 이 위기를 극복하려고 했지만 상황은 날로 악화되기만 했다. 이대로 가면 회사의 앞날은 뻔했다. 회사를 살리기 위해서 중대한 결심을 해야 할 시점이 온 것이다.

1998년 3월 비상대책위원회를 열었다. 경영 위기를 타개하기 위한 카드는 두 가지였다.

'구조 조정을 할 것인가, 아니면 죽어도 같이 죽을 것인가.'

전 구성원이 참여해 토의한 끝에 인원 감축 없이 가자는 결론을 내렸다. 무보수에 가까운 재택근무를 선택한 것이다. 짧게는 3개월, 길게는 6개월씩 자발적으로 재택근무에 들어갔다. 위기 앞에서는 임원이고 직원이고 모두 한마음이었다.

2008년 다시 금융 위기가 왔을 때도 나는 인위적인 해고는 실시하지 않겠다고 공식적으로 선언했다. 회사가 먼저 고통을 감수하겠다고 밝힌 것이다. 세계적인 경제 위기가 닥치면 고용 시장이 붕괴된다. 일자리도 줄어들고 다시 구하기도 어렵다. 그러므로 구조 조정에 의해 일자리를 잃으면 구성원들이 장기적인 실업 상태에 빠질 가능성이 높다는 걸 잘 알고 있었다.

두 번의 경제 위기를 넘기고 나서 느낀 건 그때의 판단이 옳았다는 것이다. 경영 환경이 어렵다고 해도 회사와 구성원이 같이 살 수 있는 기회는 있다. 또한 어려운 때일수록 똘똘 뭉쳐 슬기롭게 극복해낸 조직의 구성원들은 회사에 대한 충성도가 매우 높다. 위기 상황에도 쉽게 포기하지 않는다. 고통을 품앗이하려고 하고 슬기롭게 극복하려는 자세를 몸에 새기게 된다.

회사 구성원에게도, 훗날 회사를 경영할 계획이 있는 사람에게도 원칙을 갖는 것은 매우 중요하다고 말하고 싶다. 나는 원칙은 말 그대로 어떠한 경우에도 지켜야 하는 것이라고 믿는다. 내가 수많은 손해를 감수하면서도 상대와 타협하지 않은 것은 윤리 경영과 투명 경영이 나의 '원칙'이었기 때문이다. 이러한 원칙들이 지켜질 때 우리 사회가 조금씩 투명한 사회로 나아갈 수 있지 않을까.

"원칙을 지키면, 지금 당장은 손해를 보는 것 같지만 결국 이익으로 돌아옵니다. 긴 안목으로 삶의 원칙을 지킨다면 스스로 행복한 인생을 살 수 있습니다."

불의와는 단 한 번도 타협하지 마라

건설업계 소식이 매스컴에 등장했다 하면 단골 메뉴처럼 따라붙는 단어들이 있다. '로비', '담합', '부정부패'. 건설업체들이 조직적으로 금품 로비를 벌이고, 대형 건설사들이 담합해 부정직한 거래를 하거나, 건설업이 부실 공사가 끊이지 않는 산업으로 낙인찍히고 있다. 그런 말을 들으면 분하기도 하고 안타깝기도 해서 나도 모르게 한숨이 절로 나온다.

건설 현장에서 땀 흘려 일하는 정직한 건설 산업 종사자들이 부정한 일을 저지른 소수의 사람들 때문에 도매금으로 넘어가 부정적인 집단으로 낙인찍히는 게 너무 안타깝다. 건설업에 대한 사회적 불신이 깊어질수록 일하는 사람들의 사기는 꺾이고 만다.

실제 국내 기업과 거래하는 해외 기업을 대상으로 우리나라 산업별 투명성을 조사한 결과, 건설업이 가장 낮은 점수를 받았다. 이러한 부정적인 인식이 국제 사회에 퍼지면, 지금까지 정직하게 사업을 벌여온 건설 회사까지 프로젝트를 수주하는 데 어려움을 겪는다. 건설업계의 부정적인 인식이 전체 산업의 발전을 가로막는 셈이다.

한미글로벌이 절대 원칙으로 삼는 게 있다. '어떠한 경우에도 부정한 요구와는 절대 타협하지 않는다'는 원칙이다.

2008년 상암 DMC 랜드 마크에 들어설 빌딩의 입찰 경쟁을 둘러싸고 업계가 뜨겁게 달아올랐다. 세계 금융 위기 전이라 건설 경기가 정점에 있을 때였다. 1만 평이 넘는 부지에 최고 640m 높이까지 허가된 이 빌딩에는 호텔, 오피스, 주상복합, 상업시설 등이 들어설 예정이었다. 예상 공사 기간만 최소 5년, 공사비는 3조 원을 웃도는 국내에서는 보기 드문 초대형 프로젝트였다.

맨 처음 공모가 시작된 시기는 2004년. 한미글로벌도 투자자와 금융권을 모아 컨소시엄을 구성하고 공모에 참여했다. 그런데 웬일인지 우선 협상 대상자 선정이 취소되고 프로젝트 자체가 표류하기 시작했다. 4년이 지난 2008년 초, 서울시가 다시 입찰 공고를 냈다. 국내 10위권에 드는 건설사 중에서는 한 팀에 2개사만 함께 참여할 수 있으며 외국 투자자 및 사업 운영자를 중심으로 업체를 선정한다는 내용이었다.

투자 및 운영 주체와 건설 주체를 각각 나누어 프로젝트를 수행한다는 것인데, 건설사는 안전한 건물을 짓는 데 주력할 수 있고 나머지 주체는 전문적으로 사업을 운영하여 서로 이익을 볼 수 있는 구도였다.

엄청난 공사비가 투입되는 초대형 프로젝트가 걸린 일에 대형 건설사들이 강수를 두었다. 10여 개의 대형 건설사들이 연합한 것이다. 2개 건설사만 표면에 나서 서울시와 계약을 맺고, 나머지 건설사는 차후에 도급으로 참여키로 한 모양이었다.

우리는 원래 계획대로 해외의 재무적 투자자를 유치하고 '글로벌 랜드 마크 컨소시엄'을 꾸렸다. 우리 쪽에는 국내 건설사는 단 한 곳도 참여하지 않았으며 우선 협상 대상자로 선정되면 공정하게 국제 입찰을 통해 시공사를 선정할 계획이었다.

드디어 입찰 내용이 공개되었다. 저쪽은 '새 천년을 향한 빛(Seoul lite)'이라는 주제로 지하 9층, 지상 133층의 이중 원통 형태의 디자인을 제안했고, 우리는 '전통의 미학'을 주제로 지하 9층, 지상 139층의 신라시대 전통 탑을 형상화한 디자인을 내세웠다. 최고 높이는 양쪽 다 640m로 같았지만 디자인은 우리 쪽이 우수했다. CM의 노하우를 살려 공사비는 절감하되 부지 매입 비용은 상대 컨소시엄보다 1천억 원이나 높게 써냈다. 객관적으로 봐도 서울시 입찰 경쟁에 우리 쪽이 유리해 보였다.

2파전이 된 입찰 경쟁에 언론들도 뜨거운 관심을 보였다. 그런데 입찰이 진행되는 동안 예상 밖의 일이 벌어졌다. 상대 컨소시엄의 주요 건설사가 우리 회사에 함께하자고 은밀히 타진을 해온 것이다. 협상 조건에는 사업을 따내면 PM(프로젝트 관리), CM(건설사업 관리)을 우리 회사에 맡기겠다는 뿌리칠 수 없는 보상도 포함돼 있었다.

하지만 컨소시엄을 주도적으로 구성한 우리가 발을 뺀다면 결과는 뻔하다. 자동적으로 상대 업체가 입찰을 따낼 것이다. 게다가 실제로 우리 측 컨소시엄의 업체가 상대방의 압력 때문에 빠져나가면서 내 고민은 더욱 심각해졌다.

'입찰은 공정한 경쟁을 하기 위해 만든 방법이다. 뒤로 손을 내미는 행태는 지금까지 건설업계를 멍들게 해온 나쁜 관행이 아니었던가. 또 그들의 제안을 받아들인다는 것은 우리 측 투자자들을 배신하는 일일 뿐 아니라 지금까지 한미글로벌이 지켜온 윤리 경영 원칙을 포기하는 결정이다.'

원칙을 지키라고 이성은 말하고 있었지만 나는 망설였다. 제안을 거절하기에는 그들이 제시한 보상이 아주 컸다. 무려 우리 회사 한 해의 매출과 맞먹는 규모였다. 게다가 제안을 거절해 대형 건설사와의 관계가 틀어지면 다른 쪽에서 불이익을 받을 수도 있었다. 한동안 머리가 복잡했지만 나는 여러 달콤한 유혹을 떨치고 상대의 제안을 거절했다. 결국 상대 업체가 서울시의 우선 협상 대상자로 선정됐다.

회사의 전력을 모두 쏟아 부어 준비했었던 일인데 결과는 참담했다. 그동안 들인 돈도 우리로서는 꽤 큰돈이었고 시간과 노력을 돈으로 환산해도 어마어마한 액수였다. 돈 안 되는 자존심을 지키는 나를 불만에 가득한 눈으로 바라보는 사람들도 있었다.

회사의 자존심을 지킨다는 건 생각보다 힘들다. 관행과 타협하지 않고 원칙을 지키기 위해서는 다른 무언가를 잃을 각오를 해야 하기 때문이다. 하지만 정직하고 투명하게 일하는 것이 당장은 손해일 수 있으나 장기적으로 보면 손해는 아니라는 것을 알기에 나는 그러한 선택을 했다. 가장 중요한 회사의 신뢰, 존재 가치와 직결되기 때문이다.

지금도 한미글로벌은 건설업계에서 깐깐하기로 유명하다. CM의 특성상 발주사가 의사 결정을 하거나 건설사업을 매끄럽게 진행할 수 있도록 돕는 일도 하지만 쓴소리도 많이 하기 때문에 '시어머니'라는 별명까지 얻었다. 그래도 언제나 일은 똑 부러지게 한다는 평가를 받는다. 사업에 필요한 돈 외에는 따로 비용을 청구하거나 쓰는 일도 없다. 양심에 거리끼는 일이 없으니 안전과 비효율의 문제에 있어서도 제대로 쓴소리를 할 수 있다. 그렇게 우리는 우리가 할 수 있는 것에서부터 조금씩 변화를 만들어가고 있다.

디테일이 승부를 가른다

건설 회사가 잘 돌아가는지는 어떻게 알 수 있을까? 이와 관련해 내가 농담 삼아 하는 이야기가 있다.

"공사 현장 입구에서 10여 걸음만 걸어가보면 현장의 수준을 알 수 있습니다."

건설 회사에서 가장 중요한 곳은 공사 현장이다. 업무 특성상 공사 현장을 둘러볼 일이 많은데, 청소가 잘 되어 있고 건설 자재나 부품 등이 잘 정리되어 있다면 그 회사는 잘 돌아가는 회사다. 정리가 잘 되어 있지 않고 보기에도 위생 상태가 불량해 보이는 곳은 회사도 원활하게 돌아가지 않을 가능성이 높다.

거대한 공사 현장에서 정리 정돈과 청소로 전체 수준을 파악하는 게 의아해 보일 수 있지만, 이러한 디테일이 만들어내는 차이는 아주 크다. 방수(防水) 공사는 조금만 빈틈이 있어도 물이 새고, 창호 공사는 조금만 틈이 있어도 바람이 새기 때문이다.

정리 정돈이나 청소는 전체의 일부분에 불과하고 매우 사소한 것이라고 무시하기 쉽지만 디테일에 의해 건축물의 수준이 결정된다. 공사 현장에서의 디테일은 어떤 일의 중심이나 기초가 되는 부분이다. 일을 잘해내고 싶은 욕구, 완벽함을 추구하는 마음이 있을 때 디테일도 살아난다. 그런 점에서 디테일은 태도와 관련된 문제라고 할 수 있다.

디테일의 저력이 잘 드러나 좋아하는 이야기가 있다. 꽤 오래 전 어느 신문에서 처음 이 기사를 읽었는데 절로 무릎을 탁 쳤다. 외국계 회사에 말단 사원으로 입사해 임원까지 오른 한 인물의 인생 스토리였다.

지방대학을 졸업하고 서울에 상경해 직장생활을 하게 된 한 사람이 있었다. 그가 처음 맡은 일의 주 업무는 복사였다. 대학을 나와 한다는 일이 기껏 복사라니, 능력을 무시당한 것 같아 기분은 기분대로 언짢고 화가 날 법했지만 그는 달랐다.

대형 복사기가 귀할 무렵이라 그는 복사할 때 잡티를 없애기 위해 약품과 걸레로 복사기를 깨끗이 닦고 복사물의 일정한 위치에 정확히 스테이플러를 찍었다. 사람들이 복사 서류를 보면 누가 한 것인지 알아볼 정도로 정갈한 모양새였다. 소문은 빨리 퍼져 어느새 그의 복사 이야기가 대표 귀에도 들어갔다. 대표는 곧 그 사람을 불렀다. 그리고 가서 일해 보고 싶은 부서가 있는지를 묻고 그가 원하는 부서에 배치해 주겠다고 했다. 그가 나간 뒤 이 과정을 지켜보고 있던 임원에게 대표가 다음과 같은 말을 했다.

"복사를 이처럼 정성스럽고 책임 있게 하는 직원이라면 무엇을 맡겨도 잘할 것이네."

갓 대학을 졸업하고 직장생활을 막 시작한 사원이라고 하자. 입사 첫날부터 복사를 하라고 시킨다면 대다수가 불만에 차 입부터 내밀 것이다. '그깟 일'을 시키는 저의를 의심하는 사람도 있을 테고, 그중에는 서류를 거꾸로 해서 스테이플러로 찍는 사람도 있을 것이다.

하지만 경영자의 입장에서 보면 다르다. 내가 경험한 바로도 인재는 디테일에서부터 차이가 난다. 옛말에 고승을 찾아가 무술을 배우려고 하면 3년간 청소하고 장작 패고 물 긷는 것만 시킨다는 말이 있지 않은가. 건설업계에서도 이와 비슷한 말이 있다. 건축 설계를 하려면 3년 동안 연필만 깎으라고 한다. 청소하고 물 긷는 일이라든지 연필을 깎는 일은 가장 기본적인 업무다. 즉 무엇이건 기본에 충실해야 한다는 말이다. 이렇게 기본을 허투루 여기지 않고 충실히 쌓은 사람에겐 믿음이 간다. 기본을 차곡차곡 쌓았으니 나중에 무슨 일을 맡겨도 잘할 수 있을 거라는 믿음 말이다.

실제 성공한 사람들을 살펴보면 대부분 디테일에 강하다. 흔히 그들이 뛰어난 경영 전략이나 리더십으로 성공했다고들 오해하지만 사실은 다르다. 원대한 전략도 디테일이 살아 있지 않으면 성공하지 못한다. 복사물에 스테이플러를 일정하게 찍는 건 업무 능력이다. 이

문서를 볼 사람을 염두에 두고 있다는 뜻이니까.

작은 일을 제대로 해내지 못하는 사람이 큰일을 해낼 수 있을 거라고 생각하지 않는다. 작은 일, 큰일 가리지 않고 성실하게 해내는 사람에게 기회가 더욱 자주 주어지는 건 당연하다. 중요한 건 무슨 일을 하느냐가 아니라 주어진 일을 어떻게 하느냐다. 사무실 청소를 하든, 서류 배달을 하든, 자료를 스크랩하든, 복사를 하든 자신이 현재 하고 있는 일에 모든 정성을 쏟고 몰입한다면 의외로 큰일을 할 기회도 빨리 온다.

또한 디테일은 낭비를 줄여준다. 좋은 품질 또한 디테일이 강할 때 나온다. 사무실 일이든 현장 일이든 좋은 품질은 재작업이 없어야 하며 철저함이 바탕이 되어야 나올 수 있는 것이다.

경제가 어려운 시기일수록 디테일을 다시 생각하는 이유가 여기에 있다. 회사가 생존하려면 다른 회사와 확실히 구분되는 차별화 요소를 가지고 있어야 한다. 그 차별화 요소는 디테일이 없는 '대충대충'이나 '적당주의'로는 불가능하다.

'100-1=0'이란 공식이 있다. 100가지를 잘해도 단 하나를 실수하면 전체가 망할 수 있다는 공식이다. 이 재미있는 화두를 던진 사람은 현재 베이징(北京)대 부설 디테일경영연구소 수석 컨설턴트로 일하고 있는 중국의 경영학자 왕중추이다. 왕중추가 쓴 책《디테일의 힘》에는 하나의 작은 실수가 회사의 존망을 결정짓는 사례들이 많은데, 그 중 하나가 이것이다. 어떤 회사에서 중요한 협상 내용이 담긴 팩스를 보내야 하는데, 직원이 실수로 단축번호를 잘못 눌러 경쟁업체에 정보를 고스란히 갖다 바친 적이 있었다고 한다. 그로 인한 회사의 손실은 그 직원의 몇 년 치 연봉보다 더 컸다고 한다. 유능한 사원과 무능한 사원, 초일류 기업과 그렇지 않은 기업, 선진국과 후진국의 차이는 모두 디테일에서 비롯된다는 점을 잘 보여주는 이야기다.

기업의 디테일 지수를 측정할 수 있는 지표가 있다. 그중 하나가 NPS(Net Promoter Score, 순고객 추천지수)이다. 한미글로벌도 한미글로벌의 전신인 한미파슨스 시절부터 회사의 경영 성과를 평가하는 항목으로 고객 만족도 조사와 더불어 NPS를 측정한다. NPS는 고객에게 '자신이 구입한 제품을 주변에 추천하겠는가?'를 물어 고객의 만족도를 평가하는 방법으로 기업에서 많이 쓰인다. 일반적으로 실시하는 고객 만족도 조사가 고객에게 '제품에 어느 정도 만족하는가?'를 묻는 방식이라면, NPS는 고객 충성도를 평가해 기업의 성장까지 예측할 수 있다는 이점이 있다.

NPS 조사를 하면 의외로 마이너스 점수가 나오는 기업이 많다. IT 기업, 보험업종에서 마이너스 점수가 나오는 기업이 있고 우수업체들은 당연히 NPS 점수가 높다.

2011년에 한미글로벌의 NPS 지수는 55였다. 이 점수는 세계적인 명품업체 수준이다. 우리 회사와 거래를 한 고객들이 다른 사람에게 우리 회사를 추천할 가능성이 매우 높은 것이다. 건설업계는 NPS 조사조차도 하지 않는 경우가 대부분이고 많은 고객을 상대하는 특성상 점수가 높지 않은 업종인데 이례적으로 우리 회사는 높은 수치가 나왔다.

나는 고객들이 우리 회사에 만족하는 근본 이유가 디테일에 있다고 생각한다. 가장 기본적인 것부터 섬세하고 세심하게 접근해나가는 노력이 고객의 마음을 움직였을 거라고 자신한다. 대충대충 하려는 마음이나 적당히 하겠다는 정신으로는 절대 탁월한 결과를 낼 수 없다. 디테일의 힘이 회사를 다른 회사와 차별화시키고 장기적으로 봤을 때도 지속적인 성장과 생존을 가능하게 한다.

디테일은 회사로서는 고객 만족의 힘이고, 개인으로서는 일을 하는 방식이다. 디테일을 습관화하는 것은 사회생활 초기에나 가능한 일이다. 나는 직장생활 초기 2~3년이 아주 중요하다고 특별히 강조하는데 그 이유가 여기에 있다. 공부를 시작할 때 초기에 요령을 익히면 쉽고 효과적으로 공부할 수 있지 않은가. 직장생활도 마찬가지다. 초기 2~3년 때에 업무 방식을 제대로 익히면 이후 업무가 달라지고 근무 환경이 바뀌어도 일을 효과적으로 할 수 있다. 이때 어떤 마음으로 일하느냐에 따라서 일생이 좌우되기 때문이다.

치열한 경쟁 시대에 큰 성공을 이루기 위한 열쇠는 디테일에 있다. 디테일의 힘을 기르기 위해서는 평소 어떤 일을 하든 그만큼 정성을 기울여야 한다. 스스로의 태도와 정신을 바꾸는 것이 제일 중요하다. 처음에는 불편해도 스스로에게 강제하고 단계적으로 반복 훈련을 하면 습관이 된다. 습관은 한번 들이기는 어렵지만 나중에는 자연스럽고 편안해진다. 개인뿐 아니라 조직이나 기관도 이런 식으로 변해야 한다.

실수하는 사람은 늘 실수하고, 잘하는 사람은 늘 잘한다. 그러니 직장생활 초기에 좋은 선배를 만나서 절차대로 배워야 하며, 기본 소양을 제대로 쌓고 효율적으로 일하는 요령도 배워야 한다. S등급의 스킬이 따로 있는 게 아니다.

창업, 치밀하지 않으면 1년 못 버틴다

1995년 6월 29일 오후 5시 55분. 세상의 한쪽이 허무하게 무너져 내렸다. TV 화면 너머 한 백화점이 폭격을 맞은 듯 폭삭 내려앉았다. 한국에서 가장 호화롭다는, 강남 한복판에 있던 삼풍백화점이었다. 지상 5층, 지하 4층의 대형 건물이 무너지는 데는 채 1분도 걸리지 않았다. 사망자 및 실종자 508명, 부상자 937명. 그 아비규환의 현장이 TV 화면에 생생히 속보로 전해지고 있었다.

20여 년이 지났건만 삼풍백화점이 무너질 때 내가 받은 충격은 그때나 지금이나 마찬가지다. 나에겐 우리나라 건설 산업 전체가 무너져 버린 듯한 충격이었다. 건설대국으로서의 자존심이 산산이 부서지는 순간이었다.

나라가 들끓었다. 헌법 제1조를 '대한망국은 사고공화국이다'로 고치자는 말까지 나돌았고, 미국 뉴욕타임스는 삼풍백화점 붕괴 사고를 대대적으로 보도하면서 단순 안전사고가 아닌 '종합적인 부패 사고'라고 분석했다. 뼈아픈 지적이었다. 설계 · 시공 · 유지관리 등 프로젝트 전 과정이 부실했고, 기술자 정신이 실종됐다. 건축주의 금전만능주의와 인허가 단계에서의 부패의 고리도 속속 드러났다. 그야말로 우리 사회의 총체적 부실과 병리현상이 빚은 재앙이었다. 그 후 삼풍백화점 사고를 소재로 한 TV 드라마가 방영되는 등 비극적 사고를 되새기며 뭔가 변하는 듯했으나, 역시나 일회성에 불과했다. 해결된 건 아무것도 없었고 그렇게 시간만 흘렀다.

건설업계 종사자로서 자괴감에 빠졌다. 안전하지 않은 건축물은 살상무기나 다름없다. 안전은 건설 산업 최고의 가치다. 아니, 건설업계만이 아니라 조선, 자동차, 운수, 선박, 항공 등 대부분의 산업 현장에서도 안전이 생명이다. 그런데 안전 개념이 실종되어 대한민국 역사상 수많은 인명 피해를 낸 최악의 사고가 사람들에게 빠르게 잊히며 과거에 묻히고 있었다.

당시 나는 삼성건설의 품질 안전 실장을 맡고 있었던 터라 그 충격은 훨씬 더 심했다.

삼풍백화점 붕괴 이후 회사에선 특단의 조치를 취했다. 삼성건설, 삼성중공업, 삼성엔지니어링 등 계열사의 건설 현장에서 일어나는 대형 사고를 원천적으로 예방할 수 있는 품질 안전 감리 프로그램을 개발하기로 방침을 세웠다. 그룹 3사의 주요 현장 중 50곳을 선정해, 외국인 감리 전문가들로 팀을 꾸리고 그들에게 제대로 된 감리를 받도록 했다. 이건희 회장의 지시로 꾸려진 특별팀의 책임자에 임명되었다. 삼성그룹 비서실 소속 외국인 감리팀장이 내 직함이었다.

서부 개척 시대로 치면 우리 팀의 역할은 보안관이나 마찬가지였다. 외국인 감리 전문가들에게는 안전 점검 승인 여부에 따라 공사 진행과 중단을 좌지우지할 수 있는 강력한 권한이 주어졌다. 외국 전문회사에 용역을 주어 초스피드로 외국인 감리 전문가 60여 명을 구했다. 당시 우리나라엔 감리 일을 전문적으로 하는 사람이 거의 없었고 한국인에게 맡기는 것은 신뢰할 수 없다는 인식 탓에 외국인들을 활용하기로 했다. 우리 팀도 서류심사에 매우 엄격한 원칙을 적용해 자격이나 역량이 부족한 사람, 우리나라 현장에 적합하지 않은 사람, 문제가 될 수 있는 사람은 가차 없이 걸러냈다. 엄격한 절차를 거쳐 선발되어 한국에 부임한 이후에도 문제점이 발견된 사람들은 여지없이 돌려보냈다.

품질 안전 감리 프로그램이 시행된 지 1년이 다 되어갈 즈음, 눈에 띄는 성과가 나타나기 시작했다. 과거에 비해 안전사고가 크게 줄어들었고 품질이 대폭 개선됐다. 무엇보다도 현장 직원과 근로자의 인식이 개선됐다는 보고가 잇따랐다.

문제는 이 프로그램이 일회성에 그칠 상황에 놓였다는 점이다. 지금까지의 결과가 아주 좋았지만 프로그램을 지속적으로 운영하지 않는 한 모든 일이 원위치 될 가능성이 높았다. 마치 고무줄이 당겨진 상태로 있다가 놓았을 때 원상태로 복귀하는 것처럼 말이다. 실력 있는 외국 전문가들을 불러 놓고도 현업에서는 이 프로그램을 지속할 의지가 부족했다.

나는 선진적인 관리 시스템을 도입해 국내에 정착시키기 위해서는 일회성 용역이 아니라 제대로 된 비즈니스 회사가 필요하다고 판단했다. 건설 문화가 바뀌지 않고 건설 선진화가 되지 않으면 절대 잊어서도 안 되고 잊을 수도 없는 제2의 성수대교 붕괴사고, 제2의 삼풍백화점 사고가 언제 또 터질지 모를 일이었다.

사우디아라비아에서 현장 근무를 하던 때가 떠올랐다. 난 선진 건설업체들이 CM을 도입해 효율적으로 건설 현장을 관리하는 걸 보고 내심 부러웠다. 우리나라의 건설 선진화를 달성하기 위해서는 CM 도입이 필수라고 생각했다. 삼풍백화점 참사 이후 국민의 안전 의식이 최고로 높아져 있던 때라 새로운 건설관리 방식인 CM을 알리기에도 적절한 시기였다. 회사를 설립하면 반드시 성공할 거라고 자신했고 '뜻이 있는 곳에 길이 있다'는 속담을 자산으로 삼아 창업을 준비했다.

하지만 넘어야 할 장벽은 또 있었다. 국내 어디에도 참고할 만한 CM 비즈니스 모델이 없었고, 인재도 없었다. 할 수 없이 외국 CM 전문회사의 기술력과 인력을 끌어들여야 했다. 가능한 인맥과 채널을 모두 동원해 파트너사를 물색했다. 그때 감리를 맡은 3개의 외국업체 중 하나가 파슨스였다. 파슨스에게 합작을 제안하고 처음에 삼성에서 했던 외국인 감리 프로그램을 인수받는 조건으로 협상을 해

합작회사를 만들었다.

제2, 제3의 삼풍백화점 사고를 막고 우리 건설 산업을 한 단계 발전시킨다는 마음으로 차곡차곡 창업 준비를 해 나갔다. 우리나라에는 CM에 대한 기술과 경험을 가진 인력이 없었기 때문에 외국인 기술자들을 고용해 기술을 배우는 게 급선무였다. 이후에는 국내 기술자들을 교육시켜 10년 안에 자립해 나간다는 장기적인 전략을 세웠다.

그렇게 해서 1996년 대한민국 최초로 CM 회사 한미파슨스가 탄생했다. 우리 회사는 10년 만에 국내 CM 업체 최초의 글로벌 기업으로 성장했다. 기술적으로도 어느 정도 자립했고 해외에서 습득한 기술을 글로벌 시장에 역수출하는 회사가 된 것이다. 그 후 중동시장에 우리 브랜드로 진출했고 회사는 비약적으로 성장했다.

현재 한미글로벌은 해외 50개국에 진출해 프로젝트를 수행했거나 진행 중이며 9개국에 해외 지사와 법인이 있다. 다양한 포트폴리오를 가진 6개의 자회사와 1개의 합작회사를 거느리며 고객에게 맞춤형 해결책을 제공하는 토털 솔루션 프로바이더(Total Solution Provider)의 역할을 하는 회사로 발전했다. 구성원 수는 1235명, 연매출은 2천억 원 정도다. 대형 건설업체들이 보면 2천억 원이 별것 아닐지 몰라도 용역 사업을 기반으로 한 회사로 보면 상당히 큰 규모다.

요즘을 100만 창업 시대라고 한다. 창업 열풍이 불면서 이제 막 창업을 준비하는 사람들을 위한 강의를 제안받았다. CEO 교육 전문기관인 IGM에서 주관하는 소셜벤처 창업사관학교는 만 39세 미만의 젊은 열기로 똘똘 뭉친 창업가들이 스타트업에 성공할 수 있도록 도와주는 곳이다. 창업하려는 분야도 다양하고 참신한 아이디어를 가진 사람들도 많은데, 그중에서도 특히 IT 업종으로 창업하려는 사람들이 특히 많았다.

강의가 끝나고 질의응답 시간이 되자 참석자 가운데 한 명이 손을 들었다.

"저는 아프리카 세네갈에서 자원개발 사업을 해 보고 싶습니다. 그곳은 자원이 풍부하고, 기술은 아직 미비해서 앞으로 성장 가능성이 크다고 생각합니다. 어떻게 생각하는지요?"

나는 조금의 망설임도 없이 이렇게 말했다.

"그건 빨리 포기하고 다른 길을 찾으세요."

순간 강의장이 찬물을 끼얹은 듯 조용해졌다. 당차게 자신의 포부를 밝히던 질문자도, 강의를 듣던 학생들도 내심 당황한 눈치였다. 보통 이런 질문을 하면 강사는 학생의 글로벌 감각이 뛰어남을 격려한 뒤 맹점이나 장점들을 조언해준다. 하지만 난 에두르지 않고 그에게 강력한 펀치를 날렸다. 여기에는 그만한 까닭이 있다.

창업하려는 사람들이 흔히 하는 오해 중 하나가 '기발한 아이디어나 기술이 있으면 성공한다'는 생각이다. 아이디어 하나만 믿고 회사 운영에 필요한 최소한의 준비들을 소홀히 하다가는 실패하기 십상이다. 창업이란 한 회사를 만들어 경영하는 일이다. 그러므로 성장 가능성만을 보고 무모하게 도전하다가는 반드시 실패한다. 내가 그 젊은이에게 전하고 싶었던 진심 어린 메시지는 창업하기 위해서는 그만큼 구체적인 사업 타당성이 있어야 한다는 것이다. 국내 경험도 제대로 없으면서 먼 아프리카에서 사업을 벌이면 성공할 수 있는 확률이 매우 낮기 때문이다.

소위 창업 전문가라고 하는 사람들 중에는 '창업은 경험이다. 실패는 값진 경험이다. 실패를 해야 성공하지 않겠느냐'는 논리로 도전 정신만을 강조하는 사람들이 있다. 500만 원만 있으면 회사를 하나 차릴 수 있는 상황이기도 하다.

하지만 창업하면서 염두에 두어야 할 점은 '지속 가능성'이다. 소자본만 있으면 회사를 만들기가 무척 쉬워졌다고 하지만 회사가 망하기는 더 쉬워진 환경이다. 기발한 아이디어만으로는 기업이 존속할 수 없다. 기업은 종합체다. 마케팅, 영업, 고객관리, 경영관리, 인사관리, 위기 관리 등이 복합적으로 맞물려 돌아간다. 그중에서도 위기관리는 꼭 필요하다. 이 모든 것들이 잘 돌아갈 때 회사가 성공한다. 아이디어는 좋은데 판매 전략이나 영업력이 부족하면 그 회사는 오래 버티지 못한다.

젊을 때 창업 등에 도전하는 일은 필요하다. 그러나 '준비된' 도전을 해야 한다. 창업하기 위해서는 때를 기다려야 하고, 아주 세심하게 준비해야 한다. 그렇지 않으면 반드시 실패한다. 창업에 도전했다가 한두 번 실패하고 나면 그 사람은 회생하기가 아주 힘들다. 우리 사회 구조가 창업 실패자를 구제해주지 못하기 때문이다.

현실은 아주 냉혹하다. 새로운 아이디어나 도전 정신으로 창업을 해도 경영을 잘 못하면 실패로 끝나고, 한번 실패한 뒤 이를 성공으로 전환시킬 만한 사회적 배경이나 제도도 열악하다. 한국무역협회 국제무역연구원이 2015년 발간한 자료를 보면, 정부의 지원에도 불구하고 신생 창업 기업이 3년 후 생존하는 비율은 41%에 불과했고 5년 후는 25%로 떨어졌다. 창업 기업은 대부분 자금난으로 인한 어려움을 넘지 못하고 폐업에 이르는데, IT 벤처기업들 사이에서는 창업 후 3년을 '죽음의 계곡'이라고 부른다. 10개의 회사 중에서 6개가 망하는 우리나라의 창업 성공률은 OECD 주요 회원국 중 최하위다.

창업이 성공하려면 운도 있어야 하겠지만 더 중요한 건 기본기다. 행운이 다가와도 기본기가 없는 사람은 그 행운을 알아보지 못한다. 기본기가 있는 사람만이 행운을 잡을 수 있다. 그래서 나는 '무모한 도전은 실패하기 안성맞춤인 무식한 짓'이라고 딱 잘라 말한다. 결국 성공한 젊은 창업자가 많이 나오기 위해서는 기업 경영에 대한 풍부한 경험이 있는 전 현직 경영자들이 나서서 노하우를 세밀하게 알려줘야 한다.

창업이란 가치를 창출하는 일이다. 창업이 성공하기 위해서는 아이디어도 필요하지만 자본도 있어야 하고, 마케팅도 필요하고, 상품성도 뛰어나야 한다. 요즘 같은 시대에 그저 그런 상품이나 서비스로는 안 된다. 다른 상품 또는 서비스와 구분되는 차별화가 있어야 한다. 경쟁이 치열한 요즘 자신만의 차별화 전략을 세우는 것은 생존의 문제이자 회사가 존재하는 이유이기도 하다.

나는 창업을 준비하는 젊은이들에게 '창업은 비즈니스'라고 설명한다. 즉 고객을 상대해야 한다는 점을 잊지 말라고 한다. 한미글로벌 구성원들에게도 고객에게 회사를 설명할 때 "한미글로벌은 CM을 하는 업체입니다"라고 두루뭉술하게 표현하지 말라고 한다. 고객의 입장에서 쉽게 이해되도록 정확하게 설명해야 한다는 점을 강조한 것이다.

사업을 한다는 건 새로운 가치를 창출한다는 말과 같다. 이를 테면 CM 비즈니스는 특성상 프로젝트의 가치를 창출해야 한다. 발주자에게 용역비를 받으면 내가 만들어내는 프로젝트의 가치는 원가보다 몇 배가 높아야 한다. 그러기 위해서는 품질·안전도 월등해야 하고, 공사 기간도 정확하게 지켜야 한다. 가장 기본적인 부분에서부터 차이를 만들어내는 것이 회사의 지속 가능성을 높이고 경쟁 회사와 차별화를 꾀하는 길이다.

이직, 신중하되 망설이지 마라

나의 첫 직장은 한샘건축연구소였다. 당시 한샘은 창립한 지 몇 년 안 된 신생 회사였다. 나는 신입 사원의 패기로 그저 열심히 일을 했다. '젊어서 고생은 사서 한다'는 속담이 나를 위한 말 같았다. 전공을 살려 건축 설계를 하기 위해 들어왔는데 나의 주 업무는 어느새 자재 구매와 무역 쪽으로 바뀌어 있었다.

시간은 빠르게 흘러갔고, 어느덧 일을 한 지 4년차에 접어들었다. 서서히 일에 대한 회의가 들기 시작했다. 하고 있는 업무가 싫었던 건 아니었지만 다른 한쪽에서 커져가는 불안감을 억누를 수 없었다. 하는 업무가 부업 관련 일이기 때문에 앞으로 전공과 단절될지 모른다는 불안감이었다. 그래서 퇴직 의사를 밝혔고 사장님과 상의해서 다음 직장을 선택했다.

그로부터 회사를 한 번 더 옮기고 처음으로 해외 건설 현장으로 발령을 받았다. 부임지는 사우디아라비아 메디나. 저층 아파트를 건설하는 현장에 원가나 공정 등을 관리하는 공무 과장으로 투입된 것이다. 당시 사우디아라비아는 유전 지대인 주베일에 신항만을 공사하면서 한국인 해외 건설 근로자들을 대거 참여시키고 있었다. 오일 쇼크로 세계 경제가 어려울 때였지만 원유국인 사우디아라비아는 오히려 오일머니를 쓸어 담고 있을 때였다.

메디나에는 한국 기업 말고도 외국 건설사의 건설 현장도 있었다. 우리 회사 주변에도 녹일 건설 회사가 병원 신축 공사를 하고 있었다. 틈틈이 시간을 내어 병원 신축 공사 현장을 찾아 둘러보기 시작했다. 서툰 영어였지만 궁금한 점이 생기면 주저하지 않고 물었다.

외국 건설사의 현장들을 둘러보며 무엇보다 인상적이었던 건, 건설사라면 흔히 겪는 갖은 시행착오들이 확연하게 적다는 점이었다.

건물을 한 채 짓는 데에는 시공사, 발주사, 설계사, 하도급업체 등 여러 업체들이 관여한다. 그런 까닭에 어느 한 군데에 오류가 생기거나 수정을 해야 하는 상황이 생기면 의견을 조율하는 데에만 여러 날이 걸린다. 각각의 이해관계가 첨예하게 얽혀 있기 때문이다. 문제는 더 있다. 공사가 지연되어 그만큼 인건비, 시설비 등 공사비용이 기하급수적으로 늘어난다. 공사를 의뢰한 발주처와의 신뢰가 깨지는 것도 감수해야 한다.

그때까지 우리 회사의 공사 현장도 예외가 아니었다. 크고 작은 문제가 불거지면서 조금씩 공사가 지연되고 있었다. 그리고 많은 시행착오에 의해서 안 들어도 될 비용이 투입되고 있었다. 준공 무렵에 대략 따져보니 제대로 공사 관리를 안 해 발생한 시행착오 비용이 전체 비용의 약 20%에 달했다. 선진 건설 현장과 우리와의 차이가 무엇인가에 대해 고심하기 시작했다.

그 결과 답은 CM에 있었다. 당시만 해도 외국 선진업체에서는 건설 현장에 CM을 적용하고 있었지만 우리나라에서는 그 용어조차 생소했을 때다. CM은 Construction Management의 약자로, 건설사업의 기획부터 설계, 발주, 시공까지의 전 과정을 관리·감독해 불필요한 비용을 없애고 공사 기간을 준수하는 관리 시스템이다.

'한국의 건설 산업에도 CM을 적용하고 싶다!'

그러나 생각과는 달리 CM에 대한 구상을 더 진척시킬 시간이 없었다. 사우디아라비아의 근무를 마치고 본사에서 2년여를 근무한 다음 다시 쿠웨이트로 가 현장 근무를 했다. 한국과 외국을 오가는 생활에 나도 모르는 새 몸과 마음이 서서히 지쳐갔다. 결국 3개월만 쉬어보자고 결심하고는 회사에 사표를 냈다. 다음 직장을 구하거나 어떤 계획도 세우지 않은 상태였다. 여유를 가지고 몸과 마음을 회복하는 게 우선이라는 마음뿐이었다. 그동안 회사 일에 바빠 미뤄두기만 했던 일부터 차례로 해나가기로 결심했다. 단식을 하면서 몸을 정갈히 하고, 영어 공부도 하고, 도서관에 다니면서 책을 읽었다. 기상 악화로 가지 못했던 신혼여행도 8년 만에 다녀왔다.

몇 달 뒤 어디서 어떻게 소문을 들었는지 쉬고 있는 내게 선배가 전화를 했다. 전 직장 상사이자 대학 선배로, 선배는 당시 삼성건설 해외사업부 전무로 일하고 있었다.

"삼성건설에서 일해 볼 생각 없니?"

스카우트 제의였다. 당시 삼성건설이 해외사업을 확대하려던 차에 전 직장에서 나를 잘 알고 있던 선배가 부른 것이었다.

얼마 지나지 않아 삼성건설에 입사했고 나에게 해외 입찰 업무가 떨어졌다. 업무 내용은 예전 회사에서 해오던 것과 크게 다르지 않았다. 그러나 해외사업본부의 성과는 신통치 않았다. 해외의 부실 프로젝트를 여러 개 떠안고 있던 게 탈이었다. 결국 회사 차원에서 해외사업을 접기로 결정했고, 내 업무도 국내 입찰로 바뀌었다. 그러다가 1987년에 처음으로 현장 소장으로 발령을 받았다. 서울대에 이병철 회장의 아호를 딴 호암 생활관을 성공적으로 준공한 뒤 잇따라 국내외의 굵직한 건설 현장들을 누볐다. 국내 최초로 적층공법을 적용한 여의도 동양증권 본사, 남대문 순화빌딩, 당시 세계 최고층 건물로 화제가 된 말레이시아 KLCC 빌딩(페트로나스 타워) 등이 그것이다. 공사 기간을 엄격히 지키고 각종 선진 기술로 건설 현장에 새로운 공법들을 적용하는 바람을 일으켜 '국내 초고층 건물 전문가'라는 명성도 얻었다.

국내에 도입되지 않은 CM 분야를 개척하기 위해 한미글로벌(당시 한미파슨스)을 창업하기까지 옮겨 다닌 회사가 네 곳이다. 전공을 살리고 싶어서 이직을 결심한 적도 있고, 더 이상 일을 할 수 없는 막다른 상황까지 간 적도 있다. 저마다 다른 계기로 이직을 했지만, 그때 나의 고민은 지금 이 순간 이직을 고민하고 있는 사람들의 그것과 많이 다르지 않을 것이다.

온라인 취업포털 사이트인 '사람인'이 2016년 회사원 1367명을 대상으로 설문조사를 진행한 적이 있다. 이직할 의향이 있는지를 묻는 질문에 응답자의 86퍼센트가 '그렇다'고 답했다고 한다. 직장인의 10명 중 약 9명이 이직을 꿈꾸고 있는 셈이다. 이직을 고려하는 이유로는 '연봉이 만족스럽지 않아서(55%)'가 으뜸을 차지했다. '복리후생이 불만족스러워서(39%)', '일에 대한 성취감이 낮아서(38%)', '잦은 야근 등 근무 환경이 열악해서(31%)', '업무 영역을 넓히고 싶어서(24%)'가 그 뒤를 이었다(복수 응답).

말단 사원으로 시작해서 한 기업의 대표가 되기까지 23년이 걸렸다. 한미글로벌이란 기업을 창업한 지도 20여 년이 됐으니 회사원으로서의 경력과 기업 대표로서의 경력이 엇비슷해진 셈이다. 회사의 구성원으로서 이직을 고민하고 결심하던 때와 지금은 처지가 정반대로 달라졌다. 이제는 회사를 경영하는 사람으로서 구성원의 이탈을 최소한으로 막아야 하는 처지다. 회사원일 때는 보이지 않던 부분도 많이 보인다. 회사를 퇴사하고 이직하는 일이야 언제든 생기는 일이지만 경영자의 입장에서는 더 냉철하게 바라보게 된다. 경영자로서는 회사와 함께 성장하던 구성원들이 회사를 그만둔다고 하면 큰 손실이기 때문이다.

실제로 우리 쪽 구성원들이 한꺼번에 이직을 해 호된 경험을 한 적이 있다. 2006년에 L그룹의 S사에서 CM 관련 부서를 신설하면서 우리 회사 구성원 중 여러 명이 그쪽으로 이직했다. 기업 윤리나 도의적인 측면을 들어 S사에 항의도 하고 관련 공문을 발송하는 한편, 이직 당사자들을 직접 만나 설득하기도 했다. 우선 그들에게 왜 이직을 결심하게 되었는지 물어보았다.

"급여가 차이 나서요. 아무래도 대기업이라 연봉이 세잖아요."

"지금 하고 있는 업무 범위를 넓히고 싶었습니다."

"아무래도 대기업보다 회사 장래가 불안하지 않을까요? 대기업은 더 안정적이잖아요."

"제가 회사의 구성원으로서 어떻게 평가되고 있는지 모르겠어요."

이야기를 종합해 보면 대개 급여 문제, 업무 만족도, 평가체제에 대한 불만, 회사 장래에 대한 불안과 그룹사 선호 현상 등으로 압축할 수 있었다. 여기에 새 직장에 대한 기대감도 많이 작용했을 것이다.

나도 몇 번의 이직 경험이 있는지라 구성원들이 이직하려는 심정이 이해가 갔다. 이탈자를 최소한으로 막으려는 위치에 서다 보니 이런저런 이유를 따지기 전에 반성부터 앞섰다. 직원들은 회사의 구성원으로서 내부 고객이라고 할 수 있지 않은가. 그렇다면 고객이 만족하도록 신경 써야 하는데 이 부분을 소홀히 해 여러 문제점이 터진 것이다. 아울러 신입이나 경력이 적은 젊은 구성원들에게 회사의 비전과 희망을 주는 데 미흡하지 않았는지를 돌아보게 되었다. 그들은 대부분 CM 분야에 비전을 갖고 회사에 입사한 사람들이었는데 그들이 큰 건설 회사로 이직한 경우가 대부분이었다. 연봉 문제와 같이 당장 개선하기 어려운 문제들도 있지만, 다른 문제는 관련부서와 임원들의 노력으로 어느 정도는 개선할 수 있는 부분이라, 지금 생각해도 떠난 구성원들에 대해 아쉽기만 하다.

어느 회사든 항상 빛과 그림자가 존재한다. 한미글로벌의 경우 업무 특성상 매니저급의 경력직이 필요한 회사다. 신입 사원을 뽑고 있는 것은 장기적인 투자의 일환으로 장래의 리더를 키우겠다는 의지의 표명이다. 그동안 적지 않은 젊은 구성원들이 중도에 탈락했지만 또한 상당한 인력이 든든히 자리를 잡아가고 있다. 3년간 책임형 CM 현장을 4곳이나 경험하며 굉장히 빠른 속도로 성장하고 있는 구성원도 있고, 사원으로 들어와 든든한 리더 역할을 할 것이 확실해 보이는 구성원도 있다.

지금 이 순간 이직을 고민하고 있는 사람들이 있다면 이런 말을 해주고 싶다. 연봉이나 회사의 안정성을 이직의 가장 중요한 요소로 보지 말라는 점이다. 문제는 인생의 목표이고 자기 자신의 비전이다. 자신의 발전이 회사의 발전과 맥을 같이 할 수 있는지, 회사에 비전이 있는지, 자신이 회사와 함께 성장할 수 있는지를 중요하게 생각해야 한다.

그 당시에는 이탈한 직원들에 대한 섭섭한 마음과 더불어, 우리 같은 중견기업에 대한 재벌 회사의 무차별 폭격과도 같은 횡포에 반발

의식도 가졌지만 오히려 그 일을 계기로 회사의 힘을 키워야겠다는 투지를 다시금 다지게 되었다.

배움은 성공의 리허설이다

1989년, 서울대 호암 생활관을 성공적으로 완공하고 자신감을 많이 얻었다. 1987년 말 국내에서 처음으로 현장 소장을 맡아 수행한 일이라 전체 공사를 감독하면서 내 손이 하나라도 안 닿은 곳이 없다. 우여곡절이 많았지만 그만큼 애착도 많이 가고 책임감을 가지고 내 시간과 열정을 아낌없이 쏟아 부은 현장이다.

그 후 시내 중심부에 위치한 프로젝트 하나를 성공시켰고 프로젝트가 끝나가기 무섭게 여의도 동양증권 사옥 건설에 현장 소장으로 부임하게 됐다. 동양증권은 시작부터 난항이었다. 주어진 공사 기간도 짧고 중간에 건물 층수를 높이는 바람에 확정된 설계를 다시 뒤집어야 하는 사태가 발생했다. 공사 기간은 2년, 20층에서 21층으로 설계를 변경하는 동시에 공사를 해야 하는 어려움이 있었다. 다른 경쟁사들이 3~4년 걸려 하는 공사를 2년 만에 마쳐야 한다니 입이 바짝 바짝 탔다. 공사가 아무 문제없이 순조롭게 진행된다고 해도 기존에 하던 방식으로는 도저히 공사 기간을 맞출 수가 없었다. 뭔가 특단의 조치가 필요했다.

특유의 승부사 근성이 발동했다. 그냥 물러서기에는 자존심이 상했다. 우리나라에서 시행되고 있는 방법으로는 해법을 찾을 수 없어 외국 건설사들의 사례를 필사적으로 뒤졌다. 아무래도 공사 기간을 지키기 위해서는 그간 시행해 보지 않은 새로운 방식을 적용하는 수밖에 없었다.

해법은 생각보다 가까운 곳에 있었다. 나는 건설 관계자들을 불러서 국내에선 아직 시행하지 않은 새로운 첨단 공법을 적용하자고 설득했다. 새로운 첨단 공법이란 러핑형 타워크레인을 이용하고 적층공법을 도입하는 방식이었다. 러핑형 타워크레인이란 수평으로 움직이는 일반 타워크레인과는 다르게 상하좌우로 움직이면서 방향에 구애받지 않고 물건을 들어올리는 크레인을 말한다. 적층공법은 골조공사와 동시에 내부 공사가 가능하도록 외벽 창호 공사를 골조 공사와 거의 동시에 병행하는 공법으로, 고도의 공정관리가 필요한 첨단공법이다. 기존에는 철골조로 외형을 먼저 공사하고 나중에 내부 공사를 했는데, 적층공법을 적용하면 내부와 외부 공사를 거의 동시에 병행할 수 있어서 공사 기간을 20~30% 줄일 수 있다.

국내 최초로 시도하는 공법이라 위험 부담이 따랐지만, 시도할 만한 가치가 있었다. 성공적으로 수행한다면 공사 기간을 대폭 줄일 수 있을 뿐 아니라 이후 기존의 공법을 대체해 건설업계의 판도를 바꿀 수도 있을 것이다.

"우리나라에서는 한 번도 시행하지 않은 방법인데 위험 부담이 크지 않겠어요?"

"외국에서는 이미 최첨단 공법으로 공사 현장에 널리 쓰이고 있습니다. 우리도 성공할 수 있습니다."

"김 소장을 못 믿는 건 아니지만, 공사 현장을 감독한 경험도 많지 않잖아요? 아무래도 내가 보기엔 좀 힘들 것 같은데……."

"절대 그렇지 않습니다. 두 공법을 병행하면 공사 기간도 획기적으로 줄일 수 있습니다."

"에이……. 한 번 더 생각해 보자고."

"……공사 기간을 24개월에서 20개월 내로 줄이겠습니다."

성공할 수 있다는 확신이 있던 나는 관계자들에게 비장의 카드를 던졌다. 24개월도 한참 부족한 마당에 공사 기간을 20% 줄이겠다고 폭탄선언을 했다.

내부의 반대도 만만치 않았다. 두 군데 공사 현장 감독 경험이 전부인 초짜 소장의 객기로 보는 사람도 있었고 우리나라에서 처음으로 시도하는 공법이라 위험 부담이 클 것 같다는 우려 섞인 목소리도 들렸다. 그럼에도 그간의 프로젝트를 성공적으로 수행한 덕인지 현장 소장인 나를 믿고 맡기겠다는 쪽으로 사내 여론이 흘렀다.

여기서 끝이 아니었다. 나는 더 파격적인 모험을 감행했다. 공사 중

일요일엔 전 업체 노무자들을 의무적으로 쉬게 했다. 건설업계는 항상 공사 기간이 빠듯하다. 비가 오는 날을 빼고는 휴일에도 무조건 일을 하는 것이 관례처럼 여겨지던 때였다. 그렇게 하지 않으면 공사 기간을 맞추기가 어렵기 때문이다. 현장 소장의 말이라 앞에서는 알았다고 하면서 지금까지 해오던 대로 일요일에도 작업을 할 것 같아 아예 현장 출입문을 잠가버렸다.

당연히 관련자들이 크게 반발했지만 나는 아랑곳하지 않았다. 주7일 작업이 관행처럼 여겨지던 때라 어느 정도 반발을 예상하기도 했다. 나는 반발하는 사람들을 찾아다니며 하루를 충분히 쉬면 전체 업무가 향상된다고 설득하기 시작했다. 미리 준비한 데이터들을 들이밀고 일요일엔 꼭 쉬어야 한다고 집요하게 설득을 하자 그들도 아무 소리를 못 했다.

최근 대한상공회의소가 컨설팅 전문 업체인 매킨지와 함께 한 조사에서도 하루 평균 11시간 30분을 일한 직원은 평균 근로시간이 9시간 50분인 다른 직원들에 비해 생산성이 낮다는 결과가 나왔다. 평균 11시간 30분을 일한 직원들의 평균 업무 생산성은 45%인 데 비해 9시간 50분을 일한 직원들의 평균 업무 생산성은 57%에 달했다. 평균 1시간 40분을 더 일하자 오히려 업무 생산성이 12%가 떨어진 것이다. 쉬지 못하고 일을 하면 피로가 누적되어 집중력이 떨어져 업무 효율이 떨어진다는 사실을 뒷받침하는 증거다. 나는 그 사실을 일찍부터 알고 있었다.

프로젝트는 내가 장담한 대로 20개월 안에 완공됐다. 새로운 공법을 적용하고 쉴 때 쉬면서 공사 기간까지 획기적으로 단축시켰다는 평가가 소문나면서 한동안 동양증권 사옥은 건설 관계자들의 견학 코스로 떠올랐다. 대성공이었다. 적층공법 등 선진화된 시도가 성공하면서 동양증권 현장은 사내외적으로 유명세를 탔다.

어느 것 하나 순탄치 않은 공사 현장이었지만, 위기를 극복할 원동력이 되었던 건 매사 적극적이었던 배움의 자세였다. 일찍이 기술사 면허를 취득하고 삼성건설 도쿄 현지법인 소속 기술자를 겸직하고 있었던 나는 일본에 출장을 나갈 기회가 자주 있었는데, 출장 때마다 일본의 내로라하는 건설업체들이 진행하는 공사 현장을 견학했다.

대충 돌아보는 성격이 못 되어 현장에 가면 나도 모르게 공부하는 학생의 자세로 이것저것 끊임없이 질문을 했다. 연륜 있는 안내자가 같이 따라다니며 풍부한 경험과 지식을 동원해 내 질문에 답변을 해줬다. 현장에서 생생하게 전해지는 분위기를 느끼면서 탐욕스럽게 지식을 흡수해 나갔다. 새로 알게 된 것은 그날 정리해 기록으로 남기는 것도 잊지 않았다. 동양증권 사옥에 도입한 적층공법도 일본의 공사 현장을 견학하면서 알게 된 공법이다. 언젠가 우리나라에 적용해보고 싶다고 생각만 하다가 마침 좋은 기회를 얻게 된 것이다. 짧은 기간에 프로젝트를 성공적으로 완수했고, 그 공로로 나는 이건희 회장으로부터 직접 '삼성 신경영상'을 받았다.

해가 바뀌어 현장은 끝을 향해서 달려가고 있었고 내가 세웠던 계획은 크게 차질 없이 잘 진행되었다. 회사도 새로운 프로젝트에 사활을 걸고 있었다. 말레이시아의 지하 6층, 지상 92층의 쌍둥이 건물인 KLCC 빌딩 입찰에 뛰어든 것이다. 그 건물의 정식 명칭은 페트로나스 트윈타워. 말레이시아의 최대 국영 정유회사인 페트로나스사가 투자한 쿠알라룸푸르시티센터(KLCC)가 발주했기 때문에 흔히 KLCC 빌딩 또는 쌍둥이 빌딩이라고 불린다. 총 높이 452미터에 이르는 그 당시 세계 최고 높이의 대규모 건설 프로젝트다.

말레이시아의 KLCC 빌딩 입찰은 삼성건설 입장에서 포기할 수 없는 프로젝트였다. 초고층 건설시장에 진출할 기회를 엿보고 있던 때라 말레이시아의 KLCC 빌딩 입찰에 성공하지 않으면 안 됐다. 서서히 수주 윤곽이 드러나면서 회사 내부에서는 '누가 KLCC 현장의 소장으로 부임할 것인가?'로 관심이 쏠렸다.

여러 이름들이 거론되었는데 그중에서 특히 내 이름이 자주 오르내렸다. 회사에 초고층 현장 경험이 있는 소장이 없기도 했고 내가 몇 차례의 공사를 성공적으로 감독했던 터라 내게 관심이 쏠린 것이다.

소문은 현실이 되었고, 그로부터 얼마 지나지 않아 KLCC 빌딩 최종 낙찰자로 삼성건설이 선정됐다. 회사에서는 세계적인 프로젝트의 현장 책임자로 나를 지명했다. 축하한다는 동료들의 인사에도 나는 기쁘지 않았다. 잘할 자신도 없었고 회의만 커져갔다.

"과연 내가 거의 100층이나 되는 세계 최고 높이의 건물을 27.5개월만에 완공할 수 있을까?"

평소 하는 일에 자신감이 넘치는 편이었지만 아무리 생각해도 이 질문에는 "네!"라는 대답이 나오지 않았다. 그때까지 쌓은 현장 경험이라고 해야 사우디아라비아에서 근무한 2년 반 남짓을 포함해 8~9년에 불과했기 때문이다.

해외의 대규모 프로젝트는 자신감만 가지고서 해낼 수 있는 일이 아니다. 경험이 풍부한 전문가라 해도 돌발 상황을 전부 예측할 수가 없다. 실수를 하거나 공사 기간이 늦어지면 회사의 위상이 깎일 뿐 아니라 나라의 이미지도 흐려놓게 된다.

불면의 밤을 보내다 바로 옆 현장의 소장을 맡고 있는 선배를 찾아갔다. 해외 경험이 풍부한 선배의 말은 간단했다. '망설이지 말고 도전하라'는 것이다. 평소 내 성격과 업무 스타일을 잘 알던 그 선배는 긍정적인 조언을 아끼지 않았다. 흐릿하기만 하던 머릿속이 환해지는 느낌이었다. 그리고 수많은 난관들을 헤쳐나가면서 무사히 공사를 마무리했던 지난 공사 현장들이 떠올랐다.

다양한 변수가 생기는 공사 현장에서 풍부한 실전 경험은 일을 해결하고 처리하는 데 매우 중요한 요소이지만, 그것만이 전부는 아니다. 중요한 건 몇 군데의 현장을 돌았는지가 아니라 얼마나 현장에 깊게 파고들고 심혈을 기울여 공사를 진행하느냐의 문제다. 비록 내가 책임자로 공사 현장에서 뛴 경험이 남보다 적을지 몰라도, 지금껏 해왔듯 혼신의 힘을 다하면 해외 대규모 프로젝트도 성공할 수 있을 거라고 생각했다. 현장 경험이 부족했던 업무 초기에도 모르는 건 배우면 된다는 자세로 장거리 출장도 불사하며 현장 견학을 다니던 내가 아닌가.

비록 초고층 건물을 실제로 공사한 경험은 없지만, 동양증권 사옥을 지을 때 도움을 받았던 일본 초고층 건물 공사 현장 견학이 기억났다. 삼성건설은 일본의 다이세이(大成)와 특별한 제휴 관계를 맺고 있었는데 다이세이가 맡은 공사 현장 중 하나가 일본의 초고층 건물인 요코하마의 랜드 마크 타워였다. 70층 높이의 공사 현장에 파견된 삼성건설의 젊은 직원들도 여러 명 있었다.

랜드 마크 타워는 당시 일본에서도 매우 화제가 되는 프로젝트였다. 신기술의 집합체로 새로운 공법들이 적용됐고, 규모 면에 있어서도 압권이었다. 전부터 알고 지내던 다이세이 건설사 관계자와 함께 현장 구석구석을 누볐다. 이 프로젝트의 공사 현장을 방문한 것만 세 번이었는데, 그때마다 공사 진척 현황을 확인할 수 있었다.

홍콩에 있는 78층짜리 센트럴 플라자 공사 현장도 세 번 견학했다. 센트럴 플라자 빌딩은 그 당시 철근 콘크리트조로서는 세계에서 제일 높은 건물이었다. 센트럴 플라자 외에도 나는 틈날 때마다 홍콩의 다른 현장들을 돌아보면서 차곡차곡 간접 경험을 쌓아나갔다. 이런 간접 경험이 동양증권 현장에 연결되었던 것이다.

1993년 11월, 드디어 KLCC 공사 현장이 있는 말레이시아로 떠났다. 도착하자마자 휴식 시간도 없이 바로 업무에 들어갔다. 해야 할 일이 산더미같이 쌓여 있었다. 아무것도 없는 상태에서 우리에게 주어진 시간은 3개월. 그동안 각종 계획서와 절차서를 만들고, 공사 계획을 수립함과 동시에 업체를 선정하고 공법을 확정해야 한다.

눈코 뜰 새 없이 바쁜 와중에도 말레이시아 외에 태국, 싱가포르, 홍콩 등 이웃한 나라들을 찾아가 초고층 빌딩이란 빌딩은 샅샅이 훑고 다녔다. 주요 초고층 빌딩 현장을 견학하고 분석을 마치고 KLCC 현장에 적용할 수 있는 건 죄다 검토했다. 시공 계획도 하나씩 확정해 나갔다. 업무 수행이라고는 하지만 그때의 3개월은 초고층 건물과 관련된 지식을 가능한 한 많이 모으고 분석하는, 끊임없는 배움의 과정이었다고 표현하는 것이 더 적절할 듯하다.

KLCC 현장은 지상 452미터의 높이로, 지하 6층에 지상 92층, 합계 98층 건물이다. 게다가 지상 175미터 높이에서 두 건물의 지상 44층과 45층에 연결되는 스카이브릿지(Sky Bridge)를 건설해야 하는 고난이도 공사다. 이를 27.5개월 만에 완공해야 하니 하루 24시간 작업을 해도 모자랄 판이었다. 그럴수록 공법을 검토함에 있어 신중에 신중을 거듭할 수밖에 없었다. 행여 공법을 잘못 선택하여 공사 기간이 지연되면 막대한 위약금을 물어야 했기 때문이다.

게다가 KLCC 쌍둥이 빌딩의 한쪽은 일본 회사와 미국 회사가 시공을 맡았고, 나머지 한쪽을 삼성건설과 극동건설 연합팀이 맡았으니, 위약금도 물론이거니와 국가 위신이 걸린 일이었다. 자칫하면 국제적인 망신감이었다.

공법 선택의 가장 대표적인 예가 콘크리트 타설 방법이었다. 쌍둥이 빌딩 중 한 동은 일본의 하자마 건설이 시공을 맡고 있었다. 우리가 사전에 입수한 정보에 의하면, 이들의 콘크리트 타설 방법은 고층부의 경우 콘크리트를 소형의 화물을 들어올리는 호이스트(Hoist)로 중간층까지 운반한 후, 소형 콘크리트 펌프로 밀어올리는 2단치기 공법을 채택하고 있었다.

나중에 알았지만 계약상 일본이 한 달 먼저 시작하게 되어 있었다. 일본보다 한 달 늦게 시작한 우리는 일본과 같은 방법으로 한다면 뒤처진 한 달을 만회하기가 어려웠다. 밤잠을 설쳐가며 그보다 더 나은 다른 공법을 모색하느라 피 말리는 시간이 이어졌다. 결국 최종안으로 초고압 콘크리트 펌프로 한 번에 최고층까지 콘크리트를 쏘아올리는 공법이 결정됐다. 최종적으로 결정됐다고는 하나 공사를 진행하다 차질이 생기면 미련 없이 지금의 공법을 버리고 진행할 대체 수단을 다시 알아봐야 한다. 하지만 그러기엔 다시 수개월이 소요될 테고 공정이 지연돼 공사 기간을 맞추는 게 불가능한 상황이었다.

쌍둥이 빌딩의 44층과 45층을 연결하는 스카이브릿지 설치 공법도 매우 중요한 공법이었다. 원래의 설계 공법대로 공중에서 철골 부재를 한 개 한 개씩 조립해서 스카이브릿지를 만드는 방식이 아니라 사전에 완벽한 엔지니어링 작업을 거쳐 스카이브릿지를 지상에서 조립한 다음, 이 구조물을 통째로 들어 올리는 공법으로 바꿨다. 이 또한 잘못되면 공사 기간뿐 아니라 공사비를 추가로 투입해야 하는 등 엄청난 손실을 견뎌내야만 하는 상황이었다.

다행히 초기 단계에서 우리가 밤을 새워가며 검토하고 채택했던 각종 공법들은 변경 없이 그대로 실행되어 쌍둥이 빌딩이 성공적으로 마무리되는 데 큰 기여를 했다.

하지만 공사가 안정적인 상태로 접어들면서 다른 고비가 찾아왔다. 공사 18개월 차에 접어들면서 내 몸이 극도로 나빠진 것이다. 하루하루가 전쟁터와 같은 현장에서 긴장을 늦추지 않고 몸을 혹사시킨 탓이었다. 더 이상 현장 업무를 수행할 수 없는 지경에 이르고 말았다. KLCC 현장을 마무리하지 못하고 후임자에게 현장을 맡기고 한국에 돌아오는 수밖에 없었다.

중요한 결정과 발주는 끝났다고는 해도 완공시키지 못하고 비행기에 오르는 심정은 한없이 추락하는 기분이었다. 다행히도 공사는 순탄하게 진행됐다. 내가 세웠던 계획이 그대로 실행되었고 내가 선발했던 인력들이 끝까지 헌신적인 노력을 아끼지 않았으며, 후임 소장 또한 열과 성을 다해 일하며 리더십을 발휘하여 공사는 성공적으로 끝날 수 있었다. 한미글로벌 설립 후에 삼성그룹에서 발주한 도곡동 102층짜리 시너지파크 공사 CM을 수주할 때도 이때의 과감한 시도와 경험이 많은 도움이 되었다.

공사 현장에선 아무리 철저하게 준비를 해도 크고 작은 사고들이 끊임없이 일어난다. 그럼에도 공사 기간은 준수해야 한다. 그게 경쟁력이다. 시간과의 싸움, 일어날 수 있는 변수들을 최소화해야 하는 치밀함, 이를 위해 남들이 잘 시도하지 않는 새로운 공법을 과감히 적용해야 하는 때도 있다. 현장에서 생길 수 있는 일에 대처할 수 있으려면 기본적으로 전문 기술과 지식을 보유해야 한다. 그래야 상황에 맞게 대안을 세울 수 있다. 실제 내가 어려운 상황에서 성공적으로 현장을 이끌어갈 수 있었던 것도 평소 다른 현장들을 견학하면서 눈으로 보아온 덕이 크다. 그리고 여기서 얻은 아이디어들을 현장에 적용했다. 불가능하다는 공사 기간을 단축시키고, 최첨단 공법 등을 과감하게 활용했다. 한미글로벌이 굴지의 대기업과의 경쟁에서도 밀리지 않는 이유가 여기에 있다.

일이 잘 풀리지 않을 때는 의외로 가까운 데 해답이 있다는 점도 깨달았다. 현장에서 문제가 생기면 현장에서 답을 찾아야 한다. 최고가 되고 싶다면 현장에서 길을 찾아야 한다. 어느 분야든 직장인의 현장 경험은 중요하다. 하지만 무작정 많은 경험이 중요한 것이 아니라 어떻게 경험했는가가 중요하다. 즉 양보다 질이 중요하다는 것이다. 그러므로 최고가 되고자 하는 사람은 한 번의 경험이라도 자신의 피와 살로 만들어야 한다.

습관처럼 관점을 넓히고 각도를 달리해서 생각해보자. 살아가는 데 관점을 달리하는 것은 남을 이해하고 타자의 입장이 되어 생각할 수 있다는 장점이 있다. 회사에서도 자기 일이나 자기 부서 일만 보지 말고 고객의 관점, 회사 전체의 관점에서 사물을 보고 판단하는 습관이 필요하다.

2
생각을 뒤집을 때 기회가 온다

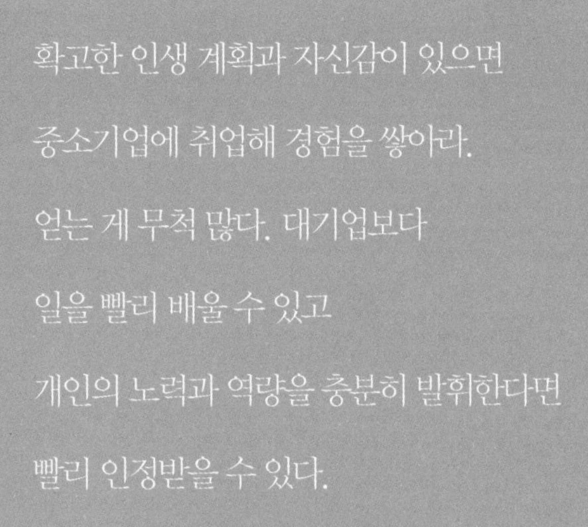

확고한 인생 계획과 자신감이 있으면

중소기업에 취업해 경험을 쌓아라.

얻는 게 무척 많다. 대기업보다

일을 빨리 배울 수 있고

개인의 노력과 역량을 충분히 발휘한다면

빨리 인정받을 수 있다.

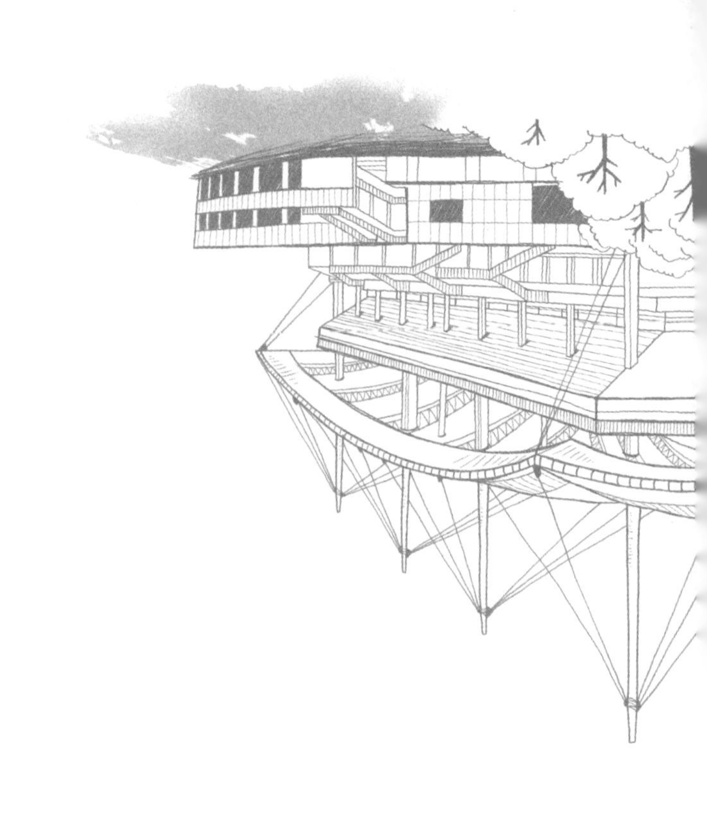

취업 기회는 생각의 변화로부터

대학을 졸업하고 1, 2년이 지나도 취업 준비를 계속 하는 젊은이들을 많이 본다. 회사 수십 군데에 입사 지원서를 넣어봤지만 취업이 안 된 학생들이 있는 반면, 더 좋은 직장을 위해 취업 자체를 미루고 대학원에 가거나 스펙을 쌓으려 학원을 다니는 학생들도 있다. 그들에게 언제 취업할 거냐고 물으면 돌아오는 답은 이러했다.

"때가 되면요."

"아직 준비하고 있어요."

그러면 난 "취업에 실패할 것을 두려워 말고 도전하세요"라고 말해준다. 취업 준비가 덜 되었다는 학생들에게 도전하라고 부추기는 이유가 있다. 그들과 조금만 더 대화를 해보면 안다. 취업에 적극 나서지 못하는 밑바탕에는 실패를 두려워하는 심리가 있기 때문이다.

취업을 한다고 급하게 서두르는 바람에 첫 회사를 잘못 선택해 후

회할지 모른다는 두려움으로 출발선 앞에서 한발을 내딛지 못한다. 신중함으로 무장하고 상황을 살피기만 하는 것이다. 처음부터 자신이 원하는 좋은 직장에 들어가면 더없이 좋겠지만, 설령 그렇지 못하더라도 그것으로도 좋다. 학교를 졸업하고 사회생활을 하기 위해 같은 출발선상에 선 지금, 먼저 취업에 도전할수록 여러 모로 유리하기 때문이다. 적어도 때를 기다리느라 도전 한 번 못 해본 사람보다는 먼저 도전한 사람이 출발선에서 한발 앞서 가는 것 아닌가.

실패가 두려워 취업을 계속 미루다 보니 모든 면에서 늦다. 졸업도 늦고, 졸업이 늦으면 사회 진출도 늦고, 결과적으로 결혼과 출산도 늦다. 더 준비를 하기 위해서라고 변명하지만 모든 조건을 충족시키는 환경에서 근무를 하거나 회사에 채용될 가능성이 높은 게 아니라면 과감히 도전하고 결정해야 한다. 신중에 신중을 거듭한 나머지 도전할 기회를 놓치고 서른 살에 인턴사원에 지원하는 젊은이들도 많이 봤다. 30세가 넘어도 직장에서 하위직이고 본인도 자신을 어리다고 생각한다. 해외에선 서른 살이면 시니어 급이다. 이미 상당한 경험을 쌓고 매니저 반열에 오를 나이다. 그 나이에 창업을 해서 제법 번듯한 CEO가 된 사람도 있고, 두세 번 창업을 해 본 사람도 있다.

그러니까 도전하기를 두려워하지 말고 대학을 졸업하면 가능한 한 빨리 사회에 진출하는 게 낫다. 물론 운과 그 운을 잡을 수 있는 기본기를 갖추는 건 필수다.

이제는 진로에 대한 가치관도 변해야 한다. 기업체 취직만이 만능

열쇠는 아니다. 요즘 귀농을 선택하여 연 수입을 몇 억 원씩 거두는 젊은이들의 사례가 언론에 심심찮게 소개된다. 다수는 아니지만 이런 예외의 사례가 발견되고 있는 것이다. 또한 코이카(KOICA·한국국제협력단) 같은 곳에서 봉사에 전념하는 젊은이도 있고, NGO(비정부단체)에서 일하는 길도 있다. 세계에는 그 넓이만큼이나 다양한 스펙트럼이 있다.

우리나라는 직업의 종류가 적은 사회다. 한국의 직업은 1만 개, 미국은 3만 개다. 대기업만 고집할 게 아니라, 직업을 찾을 때에도 다양한 측면에서 접근해야 한다. 예를 들자면, 건축학과를 나왔다고 해서 꼭 건축업에 종사해야 하는가는 따져볼 문제다. 나 역시 전공 아닌 쪽으로 계속 일하게 될까 봐 불안했던 적이 있었다. 건축학과 졸업생들이 선택하는 전통적인 진로는 건축 설계나 시공이다. 하지만 가구 디자인도 할 수 있고, 산업디자인도 할 수 있다. 이탈리아 베니스에 있는 건축 대학은 지금껏 배출해낸 인원이 1만 명에 달한다고 한다. 그 졸업생들이 사회에 나와 모두 건축 일만 하는 것이 아니다. 다양한 분야로 진출하여 디자인업계를 꽉 잡고 있다.

건축학과는 원래 사회 진출의 스펙트럼이 넓은 학과이다. 건축학이 워낙 다른 학문과의 접점이 많기 때문이다. 건축물을 짓거나 평가하려면 그 안에서 생활하는 사람을 먼저 알아야 하기 때문에 건축학도는 우리의 주거생활 전반에 관심을 가질 수밖에 없다. 학문적으로도 건축학은 예술, 인문학, 공학의 종합 학문으로 보는 견해가 많다.

그러다 보니 건축학을 공부한 뒤 다양한 분야로 진출해 전문지식을 활용하는 것이 가능하다. 실제로 내 곁에는 건축학과를 나온 뒤 변호사, 변리사, 판사, IT 개발자 등 다양한 분야로 나가 일하는 졸업생이 꽤 많다.

이처럼 하나의 전공만 가지고 보더라도 진로에는 다양한 옵션이 존재한다. 수많은 젊은이들이 오로지 대기업을 향해 한쪽 방향으로만 나아가는 현실이 안타까운 이유다. 생각부터 바꿀 필요가 있다. 경남 거창고등학교에는 직업을 선택하는 나름의 십계명이 있다. 내용 중에는 일반적으로 사람들이 이야기하는 것과 정반대되는 논리와 주장을 담은 것도 있어서 상당히 흥미롭다. 그중 하나를 소개하자면, 5계명인 '앞을 다투어 모여드는 곳을 절대 가지 마라. 아무도 가지 않는 곳을 가라'이다. 새로운 길을 개척하는 일에 오히려 미래가 있다는 것을 간파한 혜안이 놀랍다.

진로와 관련해 주변에서 하는 이야기들을 자주 듣곤 한다. 내 지인의 자녀가 헤어디자이너를 지망하여 대학의 미용학과를 골라 진학했다는 소식을 들었다. 성적이나 학교의 간판과 관계없이 자신이 정한 꿈을 위해 소신 있게 진로를 정했다는 말을 듣고 진심 어린 응원과 함께 박수를 보냈다.

반면에 뒤늦게 진로를 바꾼 사례도 있다. 우리 회사에서 몇 년 동안 근무하던 서울대 출신 직원이 갑자기 한의대에 진학하겠다며 회사를 그만두고 떠났다. 한의사를 꿈꾸었다기보다는 자기 전공에 대한 회의와 회사원보다 높은 수익을 거두는 전문직을 원해서였다. 정상적인 커리어보다 8년이 늦어지는 결정이었다. 게다가 그 직원이 퇴사한 후 해마다 한의사의 인기가 떨어지고 있다는 소식이 들려 안타까웠다. 과연 어느 쪽이 현명한 진로 선택인가?

진로를 고민하며 기회를 찾는 젊은이들에게 내가 하고 싶은 말은 다음 두 가지다.

첫째는 "뭐든 제때에 해라. 기본기를 닦을 때, 도전할 때, 진로를 최종적으로 결정해야 할 때를 놓치지 말라"는 말이다. 공무원 시험에 올인하지 마라. 공무원이 되겠다는 것은 철밥통을 바라는 것이다. 젊었을 때는 글로벌 시장을 향해 큰 꿈을 품고 도전할 때지, 공무원이 되어 안전한 생활을 추구할 때가 아니다.

또 하나는 "직업에 대한 생각부터 바꿔라. 세상에는 생각보다 많은 일이 있고 작은 회사에 들어가는 것을 실패라고 생각하지 말라"는 것이다. 작은 회사는 단점도 있지만 장점도 많다. 일도 빨리 배울 수 있고 창업을 전제로 할 때는 대기업보다 작은 기업이 훨씬 유리하다.

현대는 경쟁 사회다. 경쟁에서 이겨야 살아남는다. 매일 경쟁하면서 살아가야 하는 현실에 자꾸 움츠러들고 자괴감과 좌절감이 드는 것을 막을 순 없다. 이를 극복하기 위해서는 취업 전선에 목숨을 거는 대신 큰 꿈을 그리고 그것을 실현해가는 것이다.

어떤 자세로 일하고, 어떻게 일에 습관을 들이고, 어떻게 일을 배우는가 하는 것은 사회생활 초기에 결정된다. 그러므로 되도록 빨리 배우고 많이 경험하는 수밖에 없다. 젊은이들이 회사에 들어가면 5년 내에 인생의 큰 방향이 결정되니 최대한 초기에 많이 배우라고 강조하는 이유가 여기에 있다.

회사에선 어떤 식으로든 행복해지자

2015년 12월, 일본 가가와 현의 나오시마 섬을 여행하고 돌아왔다. 일정의 마지막 날에 가가와 현에 있는 나가노 우동학교를 방문해 일본 전통 방식으로 우동 만들기를 체험했다. 한 시간 남짓 사전 교육을 받은 후 우리 일행은 직접 반죽을 만들고, 반죽을 가지런히 썰어 우동 면을 완성했다.

이 체험의 묘미는 밀가루 반죽 만들기에 있다. 네 명이 한 조가 되어 밀가루와 물을 섞어 반죽을 만드는데, 과정이 아주 재미있다. 긴 테이블에서 한 사람이 밀가루 반죽을 하면 다른 사람은 옆에서 탬버린을 흔들며 응원을 한다. 1차 반죽이 끝나면 밀가루 덩어리를 비닐로 감싼 다음, 바닥에 깐 돗자리에 올려놓고는 발로 밟는다. 면에 찰기를 더해 쫄깃한 식감을 주기 위해서다.

이제부터가 압권이다. 그냥 멋없이 반죽을 밟기만 해서는 안 된다. 선생님이 틀어놓은 신나는 음악에 몸을 맡기고 춤을 추면서 반죽을 밟아야 한다. 우동 면에 생명을 더하는 것이다. 음악이 흘러나오자 순식간에 교실이 아프리카 원주민들의 축제 마당이 되었다. 탬버린을 짜랑짜랑 흔들며 흥을 돋우는 사람도 있고, 홍두깨를 손에 쥐고 어깨를 들썩이며 덩실덩실 춤을 추는 사람도 있다. 그러다 지치는 사람이 생기면 다른 사람이 교대했고, 다시 새로운 춤사위를 벌였다. 나도 지지 않고 춤 대열에 끼었다. 사정을 모르는 사람이 보면 광란의 축제를 즐기는 한 무리처럼 보였을 것이다.

10분 남짓 하는 흥겨운 반죽 밟기가 끝났다. 우리가 만든 우동 반죽은 몇 시간 숙성을 시켜야 하기 때문에 바로 조리해 먹을 수 없었다. 대신 우리가 반죽한 밀가루를 그날 가장 신나게 몸을 흔든 일행에게 선물로 주었다. 오랜만에 몸을 움직여 적당히 배고파진 일행은 우동을 곁들여 맛있는 점심 식사를 했다.

지금껏 꽤 여러 번 국내외 여행을 다녔지만, 나가노 우동학교에서의 체험은 손에 꼽힐 정도의 재미있는 경험이었다. 밀가루 반죽 체험이 그토록 재미있었던 이유는 무엇일까? 다 같이 일하고 다 같이 즐겼기 때문이다. 구성원들이 함께 참여해 놀이처럼 일하며 결과물을 만들어내는 과정이 얼마나 즐거운지를 오랜만에 떠올린 시간이었다.

회사를 창립하면서 줄곧 '직장인의 천국'을 만들겠다고 공언했는데, 우동학교의 밀가루 반죽 체험이 그동안 생각했던 직장인의 이상향을 간접적으로 보여주는 것 같았다. 아침에 설레는 마음으로 회사에 출근하고 동료들을 마주 대하는 것이 즐겁도록, 행복한 일터 만들기 운동을 적극 추진해오고 있는 내게 또 하나의 자극이었다.

몇 년 전《우리는 천국으로 출근한다》라는 책을 내면서 우리 회사의 독특한 경영 방침을 소개한 적이 있다. 책에서 일관되게 말하고 있는 것은 구성원이 즐겁게 일할 수 있는 회사를 만들자는 것이다. 지금도 우리 회사는 직장인의 천국을 만들고자 하는 꿈이 있다. 말레이시아에서 근무할 때 현지 학교에 다니던 딸아이가 방학이 시작되자 학교에 가지 못해 시무룩해하는 모습을 보면서, 재미있는 학교처럼 출근이 기다려지는 회사를 만들자는 생각을 줄곧 해왔다.

출근하기 싫어 '월요병'에 시달리는 회사원들이 출근하고 싶어 안달 나는 회사를 만들고 싶었다. 이 꿈은 몇몇 사람이 아닌 구성원들이 모두 동참해 같이 노력할 때 실현되리라고 생각했다. 줄곧 구상하고 있던 꿈을 실현하기 위해 창사 초기부터 적극 추진해 온 운동이 '일하기 좋은 일터 만들기(GWP/Great Work Place)' 운동이다.

일하기 좋은 일터 만들기 운동은 세계적인 컨설턴트인 로버트 레버링이 창안한 운동으로, 20년 동안 기업을 연구한 그의 노력이 압축되어 있다. 그가 20년 동안 재무성과가 뛰어난 기업들을 연구한 바에 따르면, 성과가 뛰어난 기업들은 일반 기업에서는 볼 수 없는 공통점이 있었다. 구성원을 회사의 중요한 자산으로 생각한다는 점과, 사람 중심의 경영을 실천하면서 구성원 간의 신뢰를 조직문화의 중요한 요소로 여기는 점이었다.

미국의 경제지 포춘(Fortune)은 특별한 조직문화가 기업을 발전시킨다는 걸 발견하고, 좋은 기업 문화를 만들자는 취지에서 1998년부터 'GWP 100대 기업'을 선정해 미국에서 일하기 좋은 기업 100곳을 세상에 알리고 있다. 우리 회사도 창사 초기부터 이 운동에 적극 동참했다. 일하기 좋은 일터 만들기 운동의 개념을 회사 경영에 도입해 구성원들이 중심이 된 정책을 적극 시행하고 있다. 평소 가지고 있던 회사 경영 철학과도 부합하기에 가능한 일이었다.

GWP 운동이 우리나라에도 알려지면서 2002년부터 '대한민국 GWP 우수 기업'을 선정해 왔는데, 우리 회사는 9년 연속 GWP를 수상하고 4년간은 대상을 받았다. 우리 회사의 우수 정책들이 언론에 소개되면서 대한민국에서 GWP 운동을 선도하는 기업으로 대내외에 이름을 알리기도 했다. 지금은 이를 더 발전시켜 '행복 경영'이라는 조직문화를 정착시키기 위해 노력 중이다.

행복 경영은 구성원이 기업의 중심이 되는 경영이다. 일하기 좋은 일터가 되려면 구성원의 기를 살려야 하기 때문에 그들이 중심에 서는 것이 당연하다. 2005년 GWP 1위를 차지한 생명공학기업 제넨텍은 연구원들의 재충전을 위해 '안식년 제도'를 도입하고, 업무 시간의 20퍼센트를 자신이 원하는 프로젝트에 사용하도록 허락한다. 우리 회사가 안식 휴가제, 자기계발의 날, 가족 정밀 건강검진, 독서 캠페인, 출산 지원 등의 제도를 운영하는 것도 같은 맥락이다.

그런데 아직도 많은 기업이 행복 경영을, 특별한 이벤트를 여는 일 정도로 착각한다. '장님 코끼리 만지기'식으로 전체를 보지 못하고 본질도 파악하지 못하는 행태다. 행복이 일회성이 아니듯이, 행복 경영도 절대 보여주기식 이벤트만으로 해결할 수 없다.

"언제 행복을 느끼세요?"

이렇게 물을 때마다 나는 크고 작은 일들이 다 행복이라고 대답한다. 행복은 한마디로 정의되는 게 아니다. 여행을 갈 때, 떠오르는 해를 볼 때, 가족들과 함께할 때, 손사가 태어났을 때 등 수많은 상황에서 행복을 느낀다. 또 사회공헌 활동을 통해 베푸는 일에 참여할 수 있다는 것은 더할 나위없는 행복이다. 이 나이에 건강에 큰 문제없이 월급을 받으며 직장생활을 하고 있는 것도 행복이다. 좋은 사람과 만나서 좋은 음식을 같이 먹는 것도 다 행복한 일 아닌가.

회사를 경영하면서도 행복을 느낄 때가 많다. 실력이 뛰어난 인재들이 늘어나는 것, 주인 의식과 책임 의식이 있는 구성원들이 제 역할을 하는 것, 회사가 건전하고 바르게 글로벌 기업으로 성장하고 있는 것, 적자 내던 미국 회사를 인수해 2년 만에 흑자 기업으로 전환시킨 것 등 실제로 회사 규모에 비해 과분할 정도로 좋은 성과를 내고 있는 게 정말 행복하고 감사할 따름이다.

물론 모두에게 행복을 강조하는 것이 만병통치약은 아니다. 그러나 행복이 직장인으로서 추구하는 최고의 가치인 것만은 분명하다고 말할 수 있다. 하루 중 가장 많은 시간을 보내는 직장에 출근하는 것이 지옥에 가는 것 같다면, 본인은 물론이고 그 가정 또한 행복할 수 없다. 직장은 가정과 연결되고 가정은 직장을 통해 사회로 나간다. 결국 기업이 행복해야 가정과 사회가 행복하다. 이것이 내가 행복 경영을 나의 소명으로 여기는 이유다.

기업을 통해 어떻게 행복을 전달할 수 있느냐고들 하지만, 분명히 영향을 받는 사람들이 있다. 많은 수는 아니지만 한미글로벌의 안식휴가제를 벤치마킹해서 실시하는 기업도 있다. '잘 쉬어야 일도 잘한다'는 우리의 가치를 받아들인 것이다. 우리는 '부지런히 일하라'며 근면을 강조하는 것이 과거 농경사회의 유물이지 현대의 패러다임이 아니라고 믿는다. 무조건 하루에 15시간, 20시간 일한다고 해서 성과가 좋은 것이 아니다. 한국은 이미 세계에서 가장 일을 오랫동안 하는 나라지만 노동생산성은 선진국의 50%밖에 되지 않는다. 쉴 때는 확실히 쉬고, 일할 땐 창의력을 발휘할 수 있도록 해야 한다. 바로 이런 것이 행복 경영이다.

이화여대 경영대학원 교수로부터 이런 말을 들은 적이 있다.

"한미글로벌과 같은 회사가 있다는 게 우리에게는 엄청난 희망이다."

나는 나와 내 회사가 주변에 행복을 퍼뜨리는 희망의 불씨가 될 수 있다고 믿는다. 그래서 회사 내부의 행복에 만족하고 그칠 게 아니라, 사회 전체에 '행복 유전자'를 퍼뜨렸으면 하는 바람이다.

'스펙 = 성공'이란 공식은 허구다

살면서 인생의 행로를 뒤바꾸어 놓을 만한 변화가 필요하다고 느끼는 시기가 있다. 종이에 시작점을 찍고, 시작점에서 선을 두 개 길게 그어 보라. 미세하게 각도가 벌어지다가 나중에는 선이 가리키는 방향이 크게 차이가 난다. 인생 전체의 방향을 바꿀 가능성, 그게 20대의 가능성이고, 20대는 사회에 첫발을 내딛는 시작점에 있는 시기다.

취업하기 위해 대학 시절을 스펙 쌓기에 전부 바치는 학생들이 많다고 한다. 대학에서 강의를 하거나 우리 회사에 지원하려는 학생들이 게시판에 남긴 글을 보면 '○○에 가려면 어떤 스펙이 필요하나요?'라는 질문이 가장 많다. 결론적으로 말하면, 취업하는 데 많은 스펙은 필요 없다.

나는 부모님의 반대에도 아랑곳하지 않고 건축학과를 가겠다고 고집스럽게 주장했다. 건축학과가 무엇을 배우는 학과인지 정확하게는 몰랐지만 새로움을 창조하는 과라는 기대로 선택했다. 원하던 대학에 입학하자, 갑자기 엄청난 자유가 주어진 것 같았다. 이제부터 누구의 눈치도 보지 않고 내 마음껏 하고 살자는 마음뿐이었다. '그동안 누리지 못한 자유, 있는 대로 누려 보자!'

하지만 내가 대학을 다니던 1960년대 말과 1970년대 초는 "삼선 개헌 반대!", "유신 반대!"를 외치며 대학생들이 중심에 서서 독재 정권에 저항하던 시기였다. 대학 안팎으로 끊임없이 데모가 벌어졌고, 학교는 휴교를 반복했고 학사 일정은 잘 지켜지지 않았다.

내가 입학한 해에는 삼선 개헌에 반대하는 집회가 아주 격렬하게 열렸고, 나도 열심히 동참했다. 마침 그해 서울대에 교양학부가 신설되어 문리대, 법대, 공대 등의 학과들이 뒤섞여 공릉동에서 함께 수업을 받고 있었다. 대개 데모를 하면 문리대, 법대 학생들이 선두에 서고, 나와 같은 공대생들은 그 뒤를 따라가곤 했다. 선두에 선 학생들을 따라 공릉동에서 중랑교까지 10km 남짓 되는 거리를 뛰고 걸었는데 시위대 줄은 끝이 보이지 않을 정도로 길었다.

그런데 데모를 하면서 몸을 격렬히 움직이다 보니 예전에 다친 허리가 말썽을 일으켰다. 전에 선배를 좇아 암벽 등반에 도전했다가 추락해 다쳤던 허리에 디스크가 발병해 서 있기 힘들 정도의 통증이 몰려왔다. 참고 참다가 결국 병원을 찾아 척추 수술을 받았다.

수술 후 학교 근처에서 자취를 시작했다. 2학년 때에는 다행히 학교 기숙사에 당첨되어 숙식을 모두 해결했다. 월세 걱정, 밥걱정은 하지 않아도 됐지만 용돈과 생활비는 스스로 벌어야 했다. 과외 아르바이트를 했다. 몸도 편하고 고수입을 올릴 수 있는 일자리였지만 아르바이트를 끝내고 돌아갈 때는 언제나 마음이 불편했다. 상계동, 공릉동을 거쳐 학교로 가려면 철거민들이 모여 사는 지역을 지나가야 했다. 내가 타는 버스는 술 냄새가 나는 노무자들로 늘 만원이었지만 물리적 불편함보다 그들의 삶을 지켜보는 일에 마음이 더 쓰였다.

대학 3학년이 되자 서서히 진로가 걱정되기 시작했다. 본격적으로 학과 공부를 해야겠다고 생각했다. 학술 동아리에 가입해서 건축 답사를 다니고 전공 서적을 들여다보기 시작했다. 중고등학생 때처럼 비교적 공부 잘하는 '범생'들과 친하게 지내며 공부를 하고 설계도 열심히 했다. 이때 사귄 친구들은 나중에 사회에서 큰 도움을 주었다.

졸업할 즈음이 되자, 진로에 대한 고민이 깊어졌다. 학교를 졸업하고 어떤 일을 할지 결정하지도 못한 상태였다. 친구들이 하나둘 진로를 정해 취업 준비를 하는 것을 보고 마음은 더욱 불안해졌다. 그렇지만 나는 무슨 오기였던지 건설 회사는 가기 싫었다. 뭐라도 해야 할 것 같은데 하루하루 날짜만 가니 느긋하게 있을 수가 없었다. 그때 마침 학교에서 환경대학원을 신설한다는 소식이 들려 왔다.

'그래, 대학원에 가자. 대학원에 가서 도시계획을 전공하면서 시간을 벌자. 무엇을 할지는 그 다음에 차차 생각해 보자.'

공부나 더 하면서 고민해 보자고 생각했다. 운이 좋으면 환경대학원이 내 진로 적성에 맞을 수 있다는 태평스러운 마음도 있었다.

하지만 환경대학원 진학에 보기 좋게 낙방했다. 졸업 후 나는 아는 선배가 하는 회사에 들어가게 되었고, 그 후 몇 번 회사를 이직하면서 실무 경험을 쌓고 40대 후반에 한 회사를 설립했다.

학점 관리에 스펙 관리로 분 단위로 시간을 쪼개 쓰는 요즘의 대학생들과는 판이하게 다른 나의 대학 시절 이야기다. 하지만 그때나 지금이나 인생에서 가장 중요한 시기이자 개인적인 자유를 누릴 수 있는 시기가 대학 시절임은 분명하다.

가끔씩 그런 생각을 한다. 만약 그때 내가 다른 선택을 했다면 나의 삶은 어떻게 달라졌을까? 만약 그대로 환경대학원에 합격했다면 지금쯤 나는 어떻게 살고 있을까? 건설업계가 아닌, 전혀 다른 길을 가고 있을까?

예전과는 대학 분위기가 많이 달라졌고, 1학년 때부터 취업을 위해 학점 관리하는 게 현실이라고 선을 그을 수도 있다. 시대가 변했으니 대학 생활도 변해야 하는 게 당연하다. 그렇다고 스펙에 올인하는 게 어쩔 수 없는 현실이라는 말에는 동의할 수 없다.

내가 대학을 다닐 때에도 오로지 공부에만 집중하고 학점 관리에 철저한 동기들이 있었다. 쉽게 말해 범생들이다. 단지 그걸 스펙이라고 부르지 않았을 뿐이다. 그 친구들이 사회에서 성공했을까? 그렇지 않다. 학점에는 좀 소홀해도 소위 끼가 있고 사회성이 좋은 친구들 중에 성공한 사람들이 많다. 공부 잘한다고 사회에서 좋은 자리를 선점하고 성공하는 건 결코 아니다.

학교 공부는 학교 공부일 뿐이다. 사회에 나오면 새로 공부를 해야 한다. 내가 다닌 건축학과의 경우 취업을 하면 모든 걸 새로 배워야 했다. 이론과 실제의 차이가 매우 크기 때문이다. 좀 과장해서 말하자면 학교에서 배운 건 현장에선 쓸모가 없었다. 어디 세상 일이 책에서 배운 것대로 이뤄지겠는가.

스펙이 전혀 필요 없단 말은 아니다. 스펙을 쌓더라도 현실적으로 필요한 스펙을 쌓으라는 말이다. 내가 인정하는 유일한 스펙은 단 한 가지, 외국어다. 글로벌 시대에 영어는 외국인들과 어려움 없이 대화할 수 있을 정도로 구사해야 한다. 그래서 대학생들을 만나면 영어는 기본이고 다른 제2외국어를 공부하라고 조언을 한다.

몇 년 전에 기회가 닿아 남미 4개국을 돌아본 적이 있다. 남미에도 한국 사람들이 많이 진출해 그들을 만나 이민 생활 이야기를 들어볼 수 있었다. 그곳 교민들과 대화를 하면서 인상적인 게 있었다. 자녀 교육 중 많은 부분을 언어를 가르치는 데 집중하고 있다는 것이다. 교민 2세대인 자녀들에게 영어, 스페인어, 포르투갈어는 기본이고 중국어, 프랑스어 등을 가르쳤고, 우리말인 한국어도 잊지 않기 위해 따로 공부를 시키고 있었다.

언어는 다른 기술과 접목하지 않아도 그 자체를 잘하는 것만으로 상당한 능력을 인정받는다. 모국어와 영어 말고도 몇 개의 외국어에 능통한 사람이라면 어느 나라든 선택할 기회가 많고 글로벌 시장에서 경쟁력을 선점하게 된다. 취업하기도 쉽고, 자기 사업을 하더라도 세계 곳곳에 네트워크를 구축해 승산을 높일 수 있다.

과학 기술이 발달을 거듭하면서 미래에는 외국어 공부가 필요 없을 거라고 말하는 사람도 있다. 전 세계의 이목을 집중시킨 2016년 봄, 인공지능 알파고와 인간의 바둑 대국을 보면서 이제 인공지능이 외국어를 통번역해줄 테니 굳이 외국어를 공부하지 않아도 된다고 말하는 사람도 있다. 하나만 알고 둘은 모르는 소리다. 우선 기계로부터 우리가 원하는 만큼 자연스러운 통번역 결과를 얻으려면 생각보다 많은 시간이 걸린다. 단순한 지시문이나 짧은 대화라면 모를까, 승인을 이끌어내기 위한 보다 복잡한 의사소통에서는 결국 인간의 능력이 필요하다는 이야기다.

게다가 보통 사람들의 언어 공부는 전문 통번역을 위한 게 아닌 경우가 더 많다. 전 세계 유용한 데이터의 대부분은 한국어 외의 언어로 되어 있지 않은가. 세계 곳곳에 있는 수많은 정보를 활용하고, 수많은 네트워크에 참여하는 데 언어는 필수적인 요건이다. 후기 정보화 시대로 불리는 미래에 이보다 더 필요한 스펙이 또 있겠는가.

요즘 젊은이들을 보면 마치 20대에 인생이 결판이 나는 것처럼 행동하는 것 같다. 그러한 조급함이 스펙에 집착해 시간을 허송세월하게 만든다. 눈앞에 취업, 결혼 등의 문제가 닥쳤는데 조급한 건 당연하지 않느냐고 반문할 수도 있다. 그럴 때 내가 해줄 수 있는 최선의 말은 이것이다.

"긴 호흡으로 보세요. 인생은 100m 달리기가 아니라 마라톤이에요.

마라톤처럼 인생을 설계하세요."

아직 인생에 많은 날이 있는데, 다신 어떤 기회가 안 오는 것처럼 조급하게 결정할 필요는 없지 않은가. 20대는 결정의 시기가 아니라 인생의 방향을 바꿀 수 있는 시작점이다. 용기를 내고 도전하라.

대기업과 공무원에 목매지 마라

건설 관련 학과에 가서 특강을 할 때였다. 전공이 건축학과이고 건설업계에서 일을 하는 선배로서 후배들에게 질문을 했다.

"혹시 여러분 중 9급 공무원 시험을 준비하고 있는 학생들 있나요? 있으면 한번 손을 들어 보세요."

여기저기서 꽤 많은 학생들이 손을 들었다.

나는 단호한 어조로 딱 잘라 말했다.

"젊은 나이에 평생 안 잘리는 철밥통 차겠다, 이거죠? 여러분은 아직 젊어요. 후회하지 말고 자신이 뭘 좋아하는지를 더 탐색해 보세요."

취업이 어려운 시대라고는 하지만 안정만을 추구하기에는 너무 아까운 게 20대 청춘이라고 생각한다. 그래서 공무원 시험을 준비하는 학생들을 보면 욕먹을 각오를 하고 따끔하게 충고한다. 자신을 성찰하고 잘할 수 있는 일을 더 찾아보라고 말이다. 안정성 측면에서 보면 공무원이란 직업을 선망할 수는 있지만 젊은 시절에는 좀 더 과감한 도전이 필요하다고 강조를 한다.

대기업 공채에 목을 매는 학생들에게도 비슷한 말을 한다. “어떻게 하면 대기업에 취업할 수 있나요?”라고 물으면 나는 이렇게 답한다.

“큰 회사에 목을 매지 마세요. 형편 닿는 대로 빨리 작은 회사에라도 들어가서 일을 배우세요.”

중소기업이라도 좋으니까 빨리 회사에 들어가 경험을 많이 쌓으라고 강조한다. 이것은 실제 내 경험을 토대로 한 직언이다.

취업하기 위해 스펙을 쌓고, 스펙 쌓기 위해 휴학하는 시대다. 뭔가 앞으로 나가지 못하고 제자리를 맴돌고 있다는 느낌이 들지 않는가? 대기업에 들어가기 위해 취업 재수, 삼수도 마다 않는 시대다. 취업한 회사의 크기가 사회적 신분처럼 여겨지는 세상이니, 젊은이들에게는 대기업 로고가 박힌 사원증이 마치 성공과 행복으로 가는 프리패스처럼 느껴지는 모양이다. 고용 불안의 위기 속에 대기업의 높은 연봉과 훌륭한 복지 혜택, 안정성은 확실히 매력적인 요소이기는 하다.

문제는 ‘그 요소들이 지원 동기의 전부여도 될까?’라는 점이다. 대기업에 소속되기만 하면 모든 게 잘될 거라는 믿음이 진실이라면, 5년 내에 절반의 사람들이 왜 그만두겠는가. 2014년 10월 한국경영자총협회가 조사한 대기업 대졸 신입 사원의 1년 내 퇴사율은 11.3%다. 수백 대 일의 경쟁을 치르고 들어가는 국내 최대의 기업도 입사 후 5

년을 근속하는 사람 수가 절반이 채 되지 않는다. 한쪽에서는 취업난의 바늘구멍을 뚫기 위해 애쓰고, 한쪽에서는 애써 들어간 자리를 박차고 나오는 기현상이 벌어지고 있다.

현실이 이런데도 막연히 사회생활의 첫 단추를 잘 채워야 한다거나 남들이 알아준다는 이유로 대기업을 고집하는 건 안이한 태도다. 어차피 직장생활을 할 바에야 큰 조직에서 고생하는 게 낫다는 생각도 마찬가지다. 더 먼 미래를 내다보고 자기 분야의 시야를 넓히고 싶다면 중소기업에서의 경험이 대기업의 경험보다 나을 수 있다.

나는 현재 구성원이 1230여 명에 이르는 중견기업의 CEO지만, 나의 첫 사회 이력은 중소기업에서 시작되었다.

내가 대학을 졸업한 해에 제1차 오일 쇼크가 터졌다. 중동 산유국이 원유 생산을 제한하면서 하루가 다르게 유가가 치솟았다. 1973년 10월에 배럴당 3달러였던 것이 이듬해 1월에 배럴당 11.56달러로 뛰었다. 미국이 자동차 속도를 80km로 제한하고, 영국은 주3일 근무제를 실시하는 등 세계 경제가 심하게 흔들리던 때였다. 한국도 예외가 아니었다. 전기료는 8%에서 40%까지 뛰었고, 학교는 조기방학에 들어갔다. 자금난에 시달린 기업들이 긴축 재정을 펼치기 시작했다. 취업하기도 힘든 시기였다.

내가 어렵사리 들어간 회사는 한샘건축연구소로, 한샘의 모태가 되는 회사다. 지금이야 국내 1위 가구업체이자 인테리어업계 대표 주자로 손꼽히며 고속 성장을 하는 기업이지만, 당시에는 직원이 몇 명 되지 않는 규모가 작은 회사였다. 건축설계사무소인 한샘건축연구소와 부엌 가구를 만드는 ㈜한샘을 함께 운영했는데, 나는 설계 업무도 했지만 주로 서울시를 출입하면서 건축 허가를 취득하는 일을 했다. 그런데 오일 쇼크가 닥친데다 크지 않은 회사라 설계 발주가 점점 줄어들었다.

"설계 일이 끊기네. 부엌 쪽 일을 해 보면 어때?"

"네? 그쪽은 아는 게 없어서……."

"하면서 배우는 거지. 자재 업무를 맡아봐."

보직이 자재 담당으로 바뀌었다. 당시 직원끼리는 ㈜한샘을 '부엌 가구 공장'이라고 불렀지만 합판으로 싱크대를 만드는 목공소 수준에 불과하던 때였다. 일을 맡고 보니 말이 자재 담당 사원이지 자재 구매, 운반, 사후 관리를 책임지는 자재 총괄 업무였다. 20대 중반에 관련 업무의 모든 일을 판단하고 결정하게 된 것이다. 내 바로 위 사수가 사장이었다. 이때 일을 하면서 부엌 가구에 소요되는 자재 종류만 해도 200가지가 넘는다는 걸 처음 알았다. 각목 쪼가리, 합판, 못 등과 '잡자재'라고 부르는 각종 물품을 사러 인천 부두에서부터 시장 바닥까지 온갖 곳을 뒤지고 다녔다.

다행히 회사는 착실히 성장했다. 몇 년이 지나 회사에서 부엌 가구를 수출하게 되면서 무역 업무를 맡을 직원이 필요했다. 작은 부품 하나라도 싸고 좋은 걸 사기 위해 발에 땀이 나도록 뛰어다녔던 내가 믿음직스러웠는지, 내게 무역 과장이라는 직책을 주고 수출 업무를 맡겼다. 수출 담당 실무자가 무슨 일을 해야 할지조차 몰랐던 때였다.

더 큰 문제는 따로 있었다. 영어였다. 영어 때문에 가고 싶은 대학원 시험에서도 떨어진 아픈 경험이 있는 나인데, 어떻게든 영어를 배우는 수밖에 없었다. 학원에 수강 등록을 하고 영어를 공부하기 시작했다. 생존해야 한다는 위기감 때문에 열심히 매달릴 수밖에 없었다.

솔직히 말하자면 자재 관리와 수출 업무는 달갑지 않았다. 전공인 건축과 완전히 단절된 일을 몇 년 동안이나 하는 게 얼마나 불안했는지 모른다. 부엌 가구를 수출하기 위하여 서울 광화문에 있는 현대건설 해외건축 견적팀에 자주 출입했는데, 그쪽에 갔다가 현대건설에 입사한 대학 동기들을 만나면 위축되어 마음이 상하기도 했다. 동기들은 큰 회사에서 전공을 살려 마음껏 능력을 펼치는데, 나는 그보다 훨씬 작은 회사에서 전공과 아무 상관도 없는 일을 하고 있다는 점이 자꾸 자존심을 건드렸다.

그럼에도 내가 4년 동안 한샘에서 버틴 이유가 있다. 회사를 운영하는 데 필요한 실무 감각과 경영자 시각을 익혔기 때문이다. 유통 과정의 맨 밑바닥을 훑고 나자 돈의 흐름이 보였다. 현장에서 살아남기 위해 시작한 영어는 수십 년이 지난 지금도 건설 관련 글로벌 기업 인사들과 교류할 때에 큰 도움이 되고 있다. 지금 생각해보면 밑바닥을 훑어본 그때의 경험이 회사를 창업하는 두려움을 이겨내게 한 힘이었다.

확고한 인생 계획과 자신감이 있으면 중소기업에 취업해 경험을 쌓기를 권한다. 얻는 게 무척 많다. 대기업보다 대우가 낮고 인지도도 떨어지지만 일을 빨리 배울 수 있고 개인의 노력과 역량을 충분히 발휘한다면 빨리 인정받을 수도 있다.

사회생활을 시작하는 첫 회사에서 입사 후 2~3년, 많게는 5년이 남은 직업 인생을 결정짓는 중요한 시기다. 어떤 자세로 일하고 어떻게 일에 습관을 들이고 어떻게 일을 배우는가가 모두 이때 결정된다. 그래서 작은 기업일수록 사회생활 초기에 조금만 열심히 하면 바로 자기 몸값이 뛴다. 대기업의 경우 입사 후 5년 동안 경력을 쌓아도 기껏해야 대리 수준이다. 임원과 함께 일하는 기회를 잡기란 아주 힘들다. 그런데 작은 기업에서는 사장과 직접 일할 기회가 많다. 아무리 규모가 크다고 한들 내 부서의 업무만 책임져 본 팀장급 인재와, 회사 전체의 경영 계획과 재정 상태 등을 살펴가며 큰 그림 속에서 일을 꾸려가 본 인재는 그릇의 크기가 다를 수밖에 없다. 직책과 상관없이 생각과 행동에서 스스로 임원급 인재가 되는 것이다.

세계적인 미래학자 피터 슈왈츠는 우리 자식 세대의 평균수명이 135세가 된다고 했다. 만만치 않게 긴 인생을 보내는 시대가 오는 것이다. 이렇게 볼 때 사회 초년 5년은 아무것도 아니다. 극히 짧은 시간이다. 그 시간을 불안하게 생각할 필요가 없다는 의미다. 오히려 대기업처럼 혹독한 경쟁을 하지 않아도 되고 마음먹기에 따라 CEO의 관점에서 일을 배울 수 있다. 기꺼이 도전해볼 만한 일이 아닌가.

사원으로 일할 때에도 소사장 마인드를 갖고 일을 하면 10년 후가 확실히 달라진다.

취업은 중요하다. 하지만 우리 인생에서는 더 중요한 게 있다. 인생의 목표와 자기 자신의 비전에 대한 고민이다. 인생의 목표는 북극성과 같다. 항해할 때 길을 잃으면 북극성이 길을 밝히듯, 긴 안목으로 현재에 도전하고 부딪쳐라. 내가 서 있는 자리가 중소기업이든 대기업이든 상관없이 몸으로 부딪쳐 쌓은 경험을 진짜 내 것으로 만드는 것이 중요하다.

실패는 한자리에 안주할 때 생겨난다. 그건 대기업에 가서도, 공무원이 돼서도 마찬가지다. 철밥통이라는 이유로 9급 공무원 경쟁률이 수백 대 일이라는 게 말이 되는가. 앞으로 100년 가까이 해야 할 이 일이 가치 있다고 믿는 사람은 거의 없을 것이다. 그러니 어느 회사를 들어갈 것인지를 묻지 말고 '자신의 발전이 회사의 발전과 맥을 같이 할 수 있느냐?', '회사가 비전이 있느냐?,' '내가 회사와 함께 성장할 수 있느냐?'라고 자신에게 물어라.

취업 전선에 목숨을 걸기에는 인생이 너무 어마어마하다.

제너럴리스트이자 스페셜리스트로!

"학생 노릇 하기 참 힘들다."

나도 모르게 한숨처럼 이 말이 나온다. 대학생이었을 때도 이처럼 공부한 기억이 별로 없다. 요즘 난 13년째 끌어온 박사 과정을 어떻게든 마무리 짓기 위해서 안간힘을 쓰고 있다. 올해가 가기 전에는 무슨 일이 있어도 끝마치겠다는 각오로 필사적으로 공부하고 있다.

주말에는 특별한 일이 없으면 대학 도서관에 가서 공부를 한다. 젊은 학생들 사이에서 박사 학위 논문을 준비하느라 바쁘다.

도서관에서의 생활은 여느 대학생들과 비슷하다. 공부를 하다가 점심때가 되면 학생 식당에 가서 식사를 한다. 점심을 먹고 나서는 식당 옆 카페에 가서 학생 할인이 적용된 커피도 사 마신다.

가끔씩 '이 나이에 여기서 뭐하고 있나?' 혼잣말도 해 본다. 그래도 뜻한 바가 있어서 공부를 다시 하고 있다. 젊은 시절처럼 머리가 빨리 돌아가진 않아도 끊임없이 도전하는 내 자신을 칭찬해주고 싶은 마음도 있다. 박사 과정을 끝낸 후 내년부터는 읽고 싶은 책을 더 많이 읽어 보겠노라고 다짐도 한다.

어디 공부와 자기계발에 끝이 있을까. 죽을 때까지 해야 하는 게 공부고 자기계발이다. 죽는 순간까지 책을 놓지 않는 사람이 되겠다는 다짐도 해 본다. 학생 노릇하기 참 바쁘지만, 학생 노릇을 하는 진정한 의미가 여기에 있다고 결론을 내리자 마음이 가벼워졌다.

일생을 통틀어 아주 잘한 선택이라고 자부하는 게 있다. 첫째가 우리 회사를 창립한 것이고, 그 다음이 경영대학원에 입학한 것이다. 삼성에 입사한 지 얼마 되지 않은 시절, 그것도 가장 업무가 많은 차장 시절에 경영을 배우기 위해 서강대 경영대학원 야간 MBA 과정에 등록했다. 업무량도 많고 책임감도 막중한 시기에 일과 MBA를 병행하다니, 정말로 코피 터질 일이었다. 게다가 서강대 경영대학원은 서강고등학교라고 불릴 정도로 출결을 철저하게 관리하기로 악명이 높은 학교다. 두 번만 결석하면 그 전공 수업은 무조건 F였다.

뒤늦게 시작한 공부였지만 결과적으로 보면 MBA 과정 이수하기를 잘했다고 생각한다. 엔지니어들은 대체로 기술적인 사고의 틀에서 벗어나지 못한다. 자기도 모르는 새 기술자의 눈으로 세상을 바라보게 된다. 그러다 보니 자기 경험과 지식의 한계를 극복하지 못하는 경우를 참 많이 봐왔다. 그러니 경영학을 배운다는 건 기술자로서의 한계를 넘어서 내가 보지 못한 세상을 보는 것과 같았다. 현장 책임자가 되어 굵직한 프로젝트를 수행하고 훗날 창업을 할 때 그때 배운 경영학이 든든한 바탕이 되었다.

사실 일로만 따지자면 엔지니어와 경영자의 업무를 명확하게 구분하기가 쉽지는 않다. 회사 규모가 클수록 전문 영역이 좁아지는 경향이 있기는 하지만, 엄밀히 말하자면 엔지니어와 경영자의 업무는 연결되는 부분이 많다. 나는 이것을 첫 직장에서 직접 경험했으니 운이 좋은 편이었다. 엔지니어라고는 하지만 직장생활 초반에 경영자로서 사고할 수 있는 기회가 생겼으니 말이다.

회사의 최고 경영자와 가까이에서 일을 하면서 경영자의 생각과 철학을 이해할 수 있었다. 내 위에 상사가 없었던 까닭에 경영자의 위치에서 판단하고 해결하는 일도 많았다. 경영자의 시각에서 사고할 수 있는 기회와 습관을 기른 셈이다. 자재, 수출입 업무 등 회사 시스템이 돌아가는 전체 과정도 파악할 수 있었다.

20대에 불과했으나 심지어 인사에도 관여해 실무자 면접관으로서 각종 면접 인터뷰도 진행했다. 공대를 나와 자신의 전공 분야뿐 아니라 회사 경영 전반으로 업무 영역을 넓힐 기회는 사실 그리 많지 않다. 나에게는 큰 행운이었고 이러한 경험들이 성장의 밑거름이 되었다고 자부한다.

경영에 대한 관심을 가지고 바라보면 업무를 바라보는 '앵글'이 달라진다. '기술'로만 보는 것과, 기술에 경영의 관점을 더해서 보는 것은 하늘과 땅 차이이다. 학생 때는 모범생으로 살아온 적이 없는 나였지만, 사회에 나와서는 줄곧 모범생으로 살아왔다. 시야를 넓히기 위해 내 경험을 하나하나 쌓아나갔다. 누가 시켜서가 아니다. 그게 필요하다는 걸 깨달았기 때문이다. 어느 위치에서, 어떤 생각을 하고, 어떤 준비를 하고, 어떤 실행을 하느냐가 경영자로서의 인생을 여는데 매우 중요했다.

신입 사원 때야 자기 일만 열심히 해도 능력을 인정받을 수 있지만, 직급이 올라가면 회사가 요구하는 것이 달라진다. 기술자로서의 전문성이 높아져야 하는 건 물론이고, 관리자 역할을 요구한다. 부장, 과장, 팀장의 위치에 오르기만 해도 그렇다. 어떻게 팀원을 잘 관리했는지, 얼마나 크게 공동의 성과를 냈는지를 중요하게 평가한다. 그래서 기업의 임원에게는 전공 영역이 없다. 모든 회사 업무를 해야 하기 때문이다. 이 모든 과정을 준비하려면 자신의 포지션이 정해져 있더라도 업무의 관점을 넓힐 필요가 있다. 그래서 나는 우리 회사 구성원들에게도 이런 말을 자주 한다.

"눈높이를 한 단계 높이세요. 신입 사원이라면 과장의 눈높이로, 과장은 부장, 임원의 눈높이로 봐야 합니다."

사장은 가능한 한 모든 부분을 보고 종합하지만, 임원은 자기 부서 위주로 판단을 내린다. 나와 같은 창업주 CEO와 월급쟁이 CEO 사이에서도 시각 차이가 많다. 아무래도 연륜이 적으면 시야도 좁다. 그러므로 자신의 스펙드림을 넓히는 것은 대단히 중요하다.

물론 그러기 위해서는 전제 조건이 있다. 기본기를 확실히 하면서 자신만의 특기로 내세울 수 있는 전문 분야를 개발해, 깊이와 디테일을 동시에 갖추어야 한다. 전문지식, 자기 전공 분야도 없이 여기저기 깐죽대며 간섭하는 듯한 행동은 안 된다. 깊이가 없으면 그냥 다방면으로 얕게 알고 있는 제너럴리스트일 뿐이다. 한 분야에 다년간의 경력을 쌓은 스페셜리스트가 되질 못한다. 또한 건설은 모든 것이 선과 면으로 이뤄져 있고, 그것들이 하나로 딱 맞아 떨어져야만 하기 때문에 디테일도 아주 중요하다.

우리는 모두 제너럴리스트이면서 동시에 스페셜리스트여야 한다. 기술자라 하더라도 마케팅, 인사관리, 재무회계 등 기술 외적인 부분을 당연히 알아야 한다. 하루아침에 되는 것이 아니기 때문에 많은 관심을 가지고 차곡차곡 쌓아가야 한다.

일반 행정직 또는 관리직이 기술을 알게 되는 경우가 있고, 반대로 기술직이 기술 외적인 부분을 익히는 경우가 있다. 결국 둘은 정상에서 만난다. 그래도 나는 둘 중에서 후자 쪽이 바람직하다고 생각한다. 성과가 더 낫기 때문이다. 건설 프로젝트가 되었든, 자동차 개발 프로젝트가 되었든 엔지니어의 영역은 존재한다. 그 영역을 자꾸 제한하려 들지 말고, 책임을 무한대로 넓히려고 노력하면 좋겠다. 모든 것을 책임진다는 자세로 일해야 한다.

엔지니어는 완벽을 향한 열정을 가져야 한다. 물론 세상에 완벽한 것은 없고, 완벽은 신의 영역일지 모르지만 그렇게 되려고 하는 열정만큼은 중요하다.

누구나 실수는 할 수 있지만, 그것을 두 번 반복해서는 안 된다. 대체로 많이 하는 실수가 상사의 지시를 정확하게 알아듣지 못하는 것이다. 보통 엉뚱한 일을 저지를 때를 보면, 동쪽으로 가라고 했는데 서쪽에 가서 헤매고 있는 경우가 허다하다. 제멋대로 일을 진행한 다음 쓸데 없는 보고서를 잔뜩 만들어 가지고 와 봐야 아까운 시간만 낭비하는 꼴이다. 문제는 연륜과 경력이 제법 있는 직장인들도 이런 실수를 많이 한다는 것이다.

10년이 되어도 연차만 쌓였을 뿐 능력은 대리밖에 안 되는 물과장, 물부장이 임원이 되어서는 안 된다. 상사의 지시를 귀담아듣고, 무엇을 요구하는지 정확히 알고, 일을 하는 도중에 피드백을 받으며 소통하는 가운데 일을 하면서 한 번에 일을 끝낼 수 있어야 한다.

사회생활 초기의 중요성에 비하면, 대학 때까지의 생활은 상대적으로 덜 중요하다고 할 수 있다. 진짜 출발선은 대학 졸업 후 사회에 나오는 시점이다. 학력이 중요하다고 하지만, 삼성의 사장단들 가운데 지방대 출신 비율이 높은 것을 보라. 그들 역시 직장에 들어가 혹독한 훈련과 경험을 통해서 CEO 자리에까지 올라간 것이다. 어느 대학을 나왔든, 또는 대학을 나왔든 안 나왔든 사회생활 초기에 어떤 철학과 자세로 일하느냐가 가장 중요하다.

떠나라, 지금!

나는 호기심이 많은 편이어서 낯선 곳으로 떠나는 여행을 무척 좋아한다. 그 지역만의 독특한 감성들을 느낄 수 있는 것도 여행의 매력이지만 건축학도 출신이라 여행지에서도 그 지역의 건축물이나 도시 설계부터 찾게 된다. 아름답고 추함을 떠나 건축학도의 관점으로 건축물을 감상하고 분석하게 된다. 처음부터 여행 콘셉트를 건축물 투어로 잡고 다녀온 적도 여러 번 있다.

여행을 다녀 온 뒤에는 꼭 기록으로 남긴다. 기록을 모아 놓고 보니 그 양이 꽤 많아서 책도 만들었다.

정말 많이 여행을 다녔지만 가장 기억에 남는 건축물을 꼽으라면 망설이지 않고 스페인의 구겐하임 빌바오 미술관을 추천한다. 아주 인상적인 구조로 벅찬 감동을 안겨 준 건축물이다. 워낙 세계적으로 유명한 건축물이라 여행 전에도 잘 알고 있었지만 직접 눈으로 보니 단연 최고라고 할 만했다. 구겐하임 방문을 앞두고 주체할 수 없을 정도로 마음이 설렜던 것 하며, 중세의 성채 같기도 하고 우주정거장 같기도 한 모습에 나도 모르게 감동했던 그때의 기억은 아직도 생생하다.

구겐하임 빌바오 미술관은 스페인의 북부 도시 빌바오에 위치한 미술관이다. 제철과 조선 산업이 쇠퇴하면서 낙후한 공업 도시, 빌바오는 1997년에 캐나다 출신 천재 건축가 프랭크 게리(Frank O. Gehry)가 설계한 미술관 하나로 새로운 문화 도시로 태어났다. 구겐하임 빌바오 미술관은 복잡하고 난해한 외관 못지 않게 실내도 복잡하다. 상부의 천창과, 아트리움을 둘러싸고 있는 외벽 유리를 통해 빛이 쏟아져 들어오는 고딕식 대성당은 아치의 장점을 3차원으로 확장한 볼트(Vault) 구조의 느낌으로, 높은 천정과 수많은 곡선이 얽히고설켜 신비감과 자유로움, 경외감을 자아내고 있었다.

구겐하임 빌바오 미술관을 보면서 '이 건물을 어떻게 시공했을까?'라는 생각보다 '이 건물을 어떻게 설계했을까?' 하는 호기심이 앞섰다. 그 정도로 건축가의 위대한 발상과 창의적인 디자인이 인간을 압도하는 건물이었다. 설계 면에서도 훌륭하다. 우주 항공 분야에서 쓰이는 첨단 기술을 도입하고 응용해 설계에 적용했다.

실제로 이곳을 찾는 사람 대다수가 미술관의 전시품을 보기 위해서가 아니라 미술관 자체를 보러 온다고 한다. 우리 일행도 그랬다. 한 해 약 100만 명의 관람객들이 미술관을 보기 위해 방문한다고 하니, 도시를 상징하는 건축물이 문화적으로, 경제적으로 얼마나 엄청난 파급 효과를 일으킬 수 있는지를 잘 보여준다.

대칭도, 비례도, 균형도 무시한 듯한 파괴된 아름다움을 보여주는 구겐하임 빌바오 미술관은 사람들이 떠올리는 아름다움과는 거리가 멀다. '아는 만큼 보인다'는 말처럼 건축물에 대한 정보 없이 관광하기 위해 갔다면 그저 괴상한 건축물로 보였을 수도 있다.

여행은 관광이 아니라 '문화 기행'이다. 그래서 여행은 준비한 만큼 성과가 있나. 건물이든 유적이든 '히스토리'를 알아야만 눈에 보이는 점들이 많이 있다. 예술이 만들어진 시기의 시대상과 작가의 의도를 이해하지 않고서는 진심으로 예술품이나 유적을 봤다고 말할 수 없다. 그래서 난 건축물을 보러 간다는 사람들에게 건축물 큐레이팅을 할 수 있을 정도로 관련 정보를 충분히 탐색하고 떠나라고 한다. 철저한 준비를 한 후 직접 가보면 깨닫는 게 더 많기 때문이다.

여행을 하면서 사진 찍는 취미도 생겼다. 남들 눈에는 잘 보이지 않는 것들을 잘 찾아내 찍는 편인데, 여행 한 번에 찍는 사진이 5000~8000장에 이른다. 여행지에서 마주친다면 무엇이건 무심히 지나치지 못하고 혼자서 몹시 분주하게 움직이는 나를 발견할 수 있을 것이다.

여행 계획도 다양하게 세운다. 여행 모임을 만들어 지중해, 유럽 등 나라를 정해 문화 기행을 하기도 했고, 음악을 테마로 정해 모차르트와 베토벤의 일대기를 따라가는 여행을 한 적도 있다.

여행을 좋아하는 사람에게는 혼자만의 여행도 적극 추천한다. 혼자서 여행을 하면 그것만의 장점이 있다. 여럿이 함께했을 때와는 또 다르다. 난 보통 해외출장을 혼자서 다닌다. 나 혼자만의 시간과 낯선 것과의 만남을 즐길 수 있는 기회이기 때문이다. 해외에서 보내는 혼자만의 시간은 국내에서 업무 때문에 바빠 미뤄두었던 생각이나 아이디어들을 구체화하고 창의적으로 발전시킬 수 있는 시간이다. 실제로 이때의 구상들을 업무에 적용해 회사가 혁신하는 데 많은 기여를 했다고 생각한다.

일상을 떠나 낯선 것들을 마주하고 거기에서 내가 무의식중에 옳다고 믿어온 것들이 뒤엎어지는 전복의 경험을 온몸으로 할 때 생각에 큰 변화가 온다. 발상의 전환은 책상에 앉아 펜대를 수십 번 굴리고 회의를 열두 번 한다고 이뤄지는 것이 아니다.

여행은 우리에게 창의적인 생각을 얻는 일 이외에도 많은 것을 선사한다. 몇 번이고 좋다. 국내도 해외도 좋다. 떠날 수 있을 때 떠나라. 여행하면서 일상에서의 묵은 때를 벗어내고 새로운 생각과 새로운 세계를 체험하는 기쁨을 누리자.

나눔은 남는 장사

우리 회사는 사회공헌 활동이 아주 활발하다. 창립 초기부터 구성원들은 의무적으로 기부를 하고 달마다 봉사활동을 다녔다. 사회공헌 활동은 기업의 사회적인 사명이라는 신념도 크지만 회사로서도 좋은 점이 많다. 함께 기부나 봉사활동을 다니며 구성원들끼리 화합하면서 자신의 조직에 대한 자부심이 매우 높아졌다. 그래서 나는 '나눔은 남는 장사'라는 말을 하고, 주변에도 적극 권하곤 한다.

우리 회사에 입사하면 써야 할 계약서가 있는데, 조금 특별한 고용 계약서다. 고용 계약서에는 달마다 정기적으로 사회공헌 활동을 하고 월급의 1%를 기부한다는 내용이 적혀 있다. 일종의 나눔 계약서다. 구성원이 기부를 하면 회사도 같은 액수를 기부한다. 최근에는 기부 액수를 상향 조정하기 위해 구성원이 기부한 액수의 두 배를 회사가 내고 있다. 구성원 급여의 3%에 해당하는 금액을 사회공헌 활동에 쓰고 있는 셈이다. 이렇게 모은 기부금은 회사에서 설립한 사회복지법인 '따뜻한동행'에 보내고, 이 단체에서는 장애인이나 독거노인 등 우리 주변의 소외된 이웃들에게 그 돈을 쓴다.

건설 관련업에 종사하는 회사이다 보니 봉사활동도 일반적인 활동과는 좀 다른 방식으로 한다. 우리 회사가 보유한 기술을 살려 실질적인 도움을 주는 것이다. 대표적인 게 노후한 시설을 개선하고 보수하는 작업이다. 낡은 지붕을 고치고, 곰팡이 피고 색 바랜 벽지는 새로 바르고, 물이 줄줄 새는 화장실도 고친다. 이런 식으로 우리 회사가 가진 특성을 살려 사회공헌을 하는 일은 여러 모로 장점이 많다. 무엇보다 구성원들이 일을 잘한다. 물론 일반적인 봉사활동도 한다. 장애인과 목욕탕에 같이 가서 때도 밀어 주고, 겨울에는 김장도 담근다.

사회공헌 활동은 일회성이 되어서는 안 된다. 봉사활동을 나가면 무엇을 해야 할지 몰라 당황하고 어색할 법한데, 우리는 대개 고정적으로 봉사처를 가지고 있고 구성원들의 전문 분야를 봉사활동과 접목시키니 장기적으로 꾸준히 지속하게 되는 효과도 있다.

기업의 입장에서도 사회공헌 활동으로 얻는 점이 많다. 좋은 일을 하는 기업에 자신이 속해 있다는 기쁨이다. 봉사활동에는 직원뿐 아니라 그 가족들도 함께 참여하는 경우가 많아 구성원들의 가족들도 애사심, 회사에 대한 충성심이 강하다.

사람들은 흔히 봉사활동을 자기희생에 비유한다. 하지만 나는 봉사 활동을 '남는 장사'라고 말한다. 일부러, 더 노골적으로 사람들 앞에서 그렇게 말을 할 때도 있다. 봉사활동을 자신을 희생하는 개념으로 받아들이지 않길 바라는 마음에서다. 나눔과 감사는 '자아 성숙'을 위한 가장 중요한 수단이기 때문에 그것 자체로 가치가 있다.

지금은 회사를 은퇴한 후에 사회 봉사활동을 하며 살겠다고 공공연하게 말하고 다니지만, 처음 봉사활동을 할 때는 내가 감당할 수 있을지 확신이 없었다. 30대에 교회에서 단체로 중증 장애인 시설을 방문한 게 처음이었는데 그 충격은 상상 이상이었다. 몸도 제대로 가누지 못하는 장애인들의 삶은 다른 세상이라고 생각될 정도로 비참했다. 멀쩡한 사지를 가지고 살아가는 게 당연하다고만 생각하던 때였다. 그 후로 회사 직원들과 봉사활동에 나섰다. 서울대 호암 생활관을 짓는 동안에도 봉천동 쪽방촌에서 사는 노인들을 찾아가 봉사했고 현장을 옮긴 후에도 계속하여 6년간 봉사활동을 했다. 말레이시아 KLCC 현장 소장으로 발령이 나면서 잠시 중단되기는 했지만 이후로 봉사활동은 내 삶의 일부가 되었다.

봉사활동을 하면서 만나는 사람들에게 관심을 기울이면 특별한 사연들도 많이 만나게 된다. 언젠가 독거노인에게 말벗이 되어주는 활동을 나간 적이 있다. 전국 40여 개소의 사회복지기관과 시설에서 벌이는 활동이다. 그날도 우리가 '사회공헌의 날'로 정해 놓은 매월 셋째 주 토요일이었다.

그날 내가 방문할 집주인은 60세가 채 안 된 분이었다. 원래 이분을 담당했던 김 대리에게 방문 전 사전 설명을 들으면서 60세도 안 된 분을 독거노인이라고 부르는 것과, 몸이 불편하지도 않은데 도우미가 방문해야 하는 이유가 의아했다. 게다가 우리 회사가 중증 장애인 분들 위주로 방문하기 때문에 더 의구심이 커졌다.

몇 평 되지 않은 판잣집의 조그마한 방에 둘러앉아 그분의 지난 인생 역정을 듣게 되었다. 지금 사는 곳에 정착하기까지 기구하다고 할 수밖에 없는 이야기였다. 처음 보는 이방인에게 그분이 들려준 사연은 이러했다.

이분은 여성으로 태어났지만 자신의 성 정체성을 깨닫고 성전환을 해서 남성으로 살고 있었다. 젊어서는 힘깨나 써서 주먹질로 연명하다 구속돼 감옥에서 몇 년을 복역했다고 한다. 출소한 뒤에는 재소자를 위한 사회복지법인을 운영했는데 솜씨 좋게 일을 해 명성도 제법 얻었다. 각종 사회활동을 열심히 해 방송에도 여러 번 출연하고 틈틈이 써온 시를 발표해 시인으로 등단까지 했으니 그야말로 역전 인생을 살았다.

그러다 지인에게 사기를 당해 가진 재산을 거의 날리고 폐인으로 몇 년을 살았다. 겨우 마음을 추스르고 우여곡절 끝에 정착하게 된 곳이 이곳 판자촌이었다. 인생이 밑바닥까지 떨어지는 건 순간이었지만 일어서기 위해서는 몇 년도 모자랐다. 일어설 기미도 보이지 않았고 살고 싶다는 의지도 점점 사라졌다. 좌절만을 안고 살던 그는 삶을 포기하기로 작정했다.

그때 단 하나, 마음에 걸리는 게 있었다. 매달 정기적으로 찾아오는 우리 회사 김 대리가 놓고 간 상품권이었다. 명절인데 굶지 말고 필요한 게 있으면 사라고 놓고 간 것이었다. 세상을 뜨기 전에 다 쓰고 미련없이 떠나자고 결심하고는 그 길로 상점으로 갔다. 그리고 이리저리 필요한 물건을 고르다 보니 죽으려는 마음도 사라졌단다. 바쁜 시간을 쪼개 정기적으로 자신을 찾아와 이야기를 들어주는 사람이 있다는 걸 떠올리면서 마음이 바뀐 것이다. 그게 1년 전의 일이란다.

초면에 모든 걸 꼬치꼬치 물을 수 없어 이야기를 듣기만 했지만 그날은 종일 이분의 이야기만 생각났다. 사회공헌 활동이 삶을 포기하려던 사람을 살리기도 한다는 대명제에 감동도 받고, 진심으로 상대 말에 귀 기울이고 한 사람의 생명을 구해준 김 대리에게도 고마웠다.

회사 다니기도 바쁜데 주말을 쪼개 봉사활동 나가는 것을 개인 자율에 맡기면 실행하기가 아주 힘들다. 봉사활동에 참여하고 싶어도 어떤 방식으로, 어느 곳에 가야 할지를 몰라 고민만 하다 없었던 일로 하는 경우도 있고, 마음이 따라주어도 몸이 따라주지 않는 상황도 발생한다. 그럴 때는 회사가 나서서 봉사할 수 있는 기회를 마련해야 한다. 회사 정책이니까 어쩔 수 없이 참여한다는 마음가짐으로 시작했다가 정기적으로 봉사활동을 하면서 자신의 삶에 감사하는 사람들도 많이 봐왔다. 의무적으로 따르다가 어느 순간 자발적으로 봉사활동에 참여하는 자신을 발견하고는 학생 때보다 더 긍정적이고 겸소

하고 부지런한 생활을 하게 되었다는 고백도 들었다.

2010년에는 회사 내의 봉사활동으로 만족하지 않고 사단법인 '따뜻한동행'을 설립했다. 이 법인은 회사 돈이나 회사 대표가 사재를 털어서 만드는 여느 사단법인과 달리, 구성원들이 자발적으로 기부한 돈을 모아 자본금을 조성해 만든 사회복지법인이다. 따뜻한동행에는 은퇴한 60세 이상의 인력으로 구성한 '시니어 건축사무소'도 두었다. 건설을 하는 우리의 특징을 살려 사회복지시설을 신축하거나 개축, 구조 변경을 담당하는 기업이다. 이곳을 통해 아직 일할 능력이 있는 사람들에게는 일자리를 제공하고, 봉사활동을 하고자 하는 사람들에게는 자신의 전문 분야를 살려 봉사활동을 할 기회를 제공하는 일석이조의 효과를 톡톡히 누리고 있다.

또한 2007년에는 시각장애인 오케스트라인 하트체임오케스트라를 사회적 협동조합 1호로 만들어 정기적으로 후원하면서 세계적인 악단으로 성장할 수 있도록 지원했다.

사회공헌은 구성원 중심의 행복한 일터 만들기, 건설 산업의 선진화를 위한 노력과 더불어 창립 때부터 20년간 지속적으로 추구하고 있는 3대 과제이다.

따뜻한동행을 설립한 2010년에는 또한 'CEO 지식나눔'도 만들었는데 지식 나눔 단체인 CEO 지식나눔을 만든 계기는 단순했다. CEO들이 회사를 은퇴하고 아직 팔팔한 나이에 등산하거나 골프 치고 여행하는 등의 일로 시간을 보내는 것이 안타까워 보여서였다. 최고 자리에 오른 이들이 사회에서 얻은 지적 자산을 후배들에게 돌려주자는 게 모임의 모토다. 축적된 지식과 지혜를 나눔으로써 국가 미래를 발전시키고 나눔 문화를 확산시키겠다는 거대한 목표도 세웠다.

2010년에 처음 모임을 만든 이후 해마다 강연 요청이 늘어나 활동 범위도 점점 넓혀가고 있다. 초기에는 대학에서 강의를 하는 활동이 주를 이루다가 점차 강의를 요청하는 곳이 늘어나고 있다. 대학생이나 직장인 등에게 멘토링을 하기도 하고 중소기업에 경영 노하우를 알려주거나 컨설팅을 하기도 한다. 창업아카데미도 운영해 재능 있는 창업가를 육성하는 일도 CEO 지식나눔에서 하는 일 중 하나다.

초기에는 국내 대기업 CEO들이 주요회원이었지만 지금은 전직 고위 공직자 출신, 카길이나 그런포스 등 세계 굴지의 글로벌기업 전직 CEO, 전직 대학교수 등 다양한 분야의 리더들로 채워져 있다.

보람은 있지만 돈이 되는 일은 아니다. 돈을 벌기는커녕 돈을 내고 들어가야 하는 모임이다. 회원이 되려면 입회비 500만 원을 내야 하니, 적지 않은 돈이다. 입회비를 포함해 각종 활동으로 벌어들인 수익은 사무국 운영비로 쓰고 CEO들이 자신들이 받은 사회적인 혜택을 지식나눔 강연 형태로 젊은이들에 돌려주는, 선순환의 지식 기부 활동이 자리 잡고 있는 것이다. 수입 중 일부는 대학생들에게 장학금을 지원하거나 사회복지단체에도 기부를 한다.

난 은퇴한 뒤에도 우리 사회의 어두운 구석을 밝히는 일에 한 축을 담당하고 싶다. 남은 생의 사명을 사회공헌 사업에 바치겠다고 생각한 건 아주 오래 전의 일이다. 2006년 처음 안식 휴가에서 돌아오면서 공공연히 밝혔고, 이를 위해서 '따뜻한동행'과 'CEO 지식나눔'도 나서서 만들었다. 이것이 우리가 사회로부터 받아온 한없는 혜택과 사랑을 환원하는 것이라고 생각하기 때문이다.

나눔이라는 순수한 봉사가 '장사'라는 가장 상업적인 말과 연결되어 쓰인다는 것에 반감을 느낄 수도 있다. 하지만 나는 나눔이 순수한 봉사라고만 생각하진 않는다. 봉사라는 말에서는 오로지 자기희생이란 뜻만 연상되기 때문이다. 나눔이 '남는 장사'라는 말은 나눔이 내게 주는 이득이 많다는 뜻이며 그것은 돈으로 환산할 수 없을 정도의 큰 가치가 있다. 봉사라고 하면, 나의 재능, 노력, 시간을 준다는 뜻으로만 들리지만, 그보다 더 많은 것을 얻을 수 있다. 감히 돈으로 따질 수 없는 가치들이다.

버려진 땅을 알짜배기로!

'서울에서 가장 버림받은 땅'. 20여 년 전만 해도 쓰레기 매립장 외에는 변변한 건물 하나 없던 상암동을 이르는 말이다. 버림받은 땅은 수십 년 간 축적된 온갖 오물과 쓰레기가 거대한 인공 산을 이루고 있었고, 악취가 진동해 사람이 제대로 살 수 없었다.

1996년 5월, 2002년 월드컵 한일 공동 개최가 결정됐다. 아시아에서 열리는 첫 월드컵으로 한국에 세계의 이목이 쏠렸다. 정부에선 월드컵 대회를 치를 수 있는 개최 도시를 정하고 국제 기준에 맞는 주경기장 건립 준비에 들어갔다.

그런데 1년 후인 1997년, 외환 위기가 몰려오자 월드컵 개최에 크게 환호하던 여론이 잠잠해졌고, 한쪽에선 경제 사정도 안 좋은데 월드컵 준비에 막대한 돈을 쓰느냐는 볼멘소리도 들렸다. 대회 개최권을 반납하자는 주장까지 있었다.

당연히 주경기장 건립에도 이견이 생겼다. 경제도 어려운데 기존 경기장을 개축해 쓰자는 안과, 세계적인 대회이니만큼 경기장을 신축하자는 안이 팽팽히 맞섰다. 여론도 갈렸다.

기존 경기장을 개축하는 안으로는 잠실 올림픽 주경기장을 개축해서 주경기장으로 사용하는 안과, 전국 체전을 위해 건설 중이던 인천 문학경기장을 중도 개조해서 주경기장으로 사용하는 안이 나왔다. 경기장을 신축하자는 안으로는 상암동 부지에 월드컵 경기장을 신축하는 안이 있었다. 여론은 경기장을 신축하는 쪽과 인천 문학경기장을 개조하는 두 개로 압축됐다. 해당 지역의 이해관계가 팽팽하게 맞섰고, 아무것도 결정된 것 없이 시간만 흘러가고 있었다.

당시 창립한 지 1년도 채 되지 않았던 우리는 그때 월드컵 경기장 소식에 귀가 번쩍 뜨였다.

"무모한 도전을 하기로 하자. 월드컵 주경기장 CM 수주가 우리 목표다."

말 그대로 무모한 도전이었다. 부지는 물론이고 경기장 신축 여부조차 확정되지도 않은 때였다. 더군다나 우리 정부는 공공영역의 프로젝트를 CM 형태로 발주해본 적이 단 한 번도 없었다. 설령 경기장을 신축하기로 하고 우리가 원하는 형태로 발주된다 해도, 대형 회사들 틈에서 입찰경쟁을 해야 한다. 산 넘어 산이었다. 회사 내부에서도 이 도전에 대해 회의적인 시각들이 많았다. 나조차 성공에 대한 확신은 없었다. 다만 성사만 된다면 대한민국 건설 역사의 한 획을 긋는 시도가 될 것임은 분명했다. 상상하는 것만으로 가슴이 터질 것 같았다.

즉시 임원 한 명과 전문가 두 명으로 '월드컵 주경기장 CM 발주 대비팀'을 만들어서 관련 전문기술과 자료 수집에 나섰다. 미국까지 날아가 대규모 경기장들을 찾아다니면서 직접 둘러봤다. 자신감이 생겼다. 시간은 촉박하지만 잘 준비하면 명품 경기장을 만들 수 있다는 확신이 들었다.

먼저 여론을 경기장 신축안으로 돌리는 게 급했다. 신문 등 언론 매체를 통해서 주경기장을 왜 신축해야 하는지 그 당위성을 말하며 사람들을 설득하고 다녔다. 인천에 짓고 있는 문학경기장의 중도 개조의 문제점도 지속적으로 지적했다.

"문학경기장 측은 FIFA의 주경기장 좌석수 규정에 따르기 위해 원래 5만 1000석으로 설계된 것을 6만 5000석으로 늘리겠다는 안을 내놓았습니다. 그러자면 좌석을 늘리기 위한 개조 비용으로만 400억 원가량을 추가 투입해야 하고, 주차장, 지붕, 보조구장 등 각종 시설까지 변경하자면 모두 1000억 원 이상의 비용이 발생할 것입니다."

차라리 월드컵을 상징할 만한 제대로 된 주경기장을 새로 설계해 짓는 편이 더 경제적이고, 대회의 주도권을 잡고 국제적 위상을 지키는 데 유리하다는 게 당시 내 주장의 핵심이었다.

차츰 내 주장에 동조하는 전문가들이 생겼다. 그대로 밀고 나간다면 승산이 있다는 확신이 들었다. 각종 매체에서 하루가 멀다 하고 주경기장 신축안에 대한 기사가 쏟아져 나왔는데, 여론의 흐름이 바뀌는 게 눈에 보였다. 한 달 사이에 '신축안 백지화'가 '실낱같은 희망'이 되고, 다시 '신축안 재부상, 예상 밖의 결과'로 헤드라인이 바뀌었다.

1998년 4월, 문화관광부에서 관련 전문가 11명을 위촉해 월드컵 주경기장 후보지 선정 평가단을 구성했다. 서울시와 인천시에서 추천한 평가위원 명단에 내 이름도 포함됐다. 한줄기 빛이 비치는 순간이었다. 위원 구성은 서울시 추천 5명, 인천시 5명, 조직위 1명으로, 서울시와 인천시 추천위원들은 지역을 대표할 수밖에 없는 구조였다. 초기 회의에서는 당연히 서울시 추천위원은 상암경기장을, 인천시 위원들은 문학경기장을 주장했다.

나는 다른 평가위원들을 상대로 죽기 살기로 설득을 시작했다. 상암동 지역의 개발과 건설 경기 진작 효과를 근거로 내세워 경기장 신축의 당위성을 강조하고 또 강조했다.

"경제가 침체되고 건설수요가 바닥을 치고 있지 않습니까? 지금 축구 전용 경기장을 건설하면 경제적 파급 효과가 아주 클 것입니다. 그것만으로도 건설 산업에 긍정적인 영향을 끼치는 것이죠."

내 주장이 유효했는지 3일이 지나자 신축안 쪽으로 분위기가 바뀌기 시작했다. 결국 11명의 평가위원이 지역의 이해를 초월하여 만장일치로 상암동 주경기장 신축안에 합의했고, 문화관광부를 거쳐 즉시 청와대에 보고되어 상암동 신축안이 결정됐다.

겨우 산 하나를 넘은 셈이었다. 신축을 결정한 그해 8월, 정부에서는 상암동 월드컵 주경기장 공사의 CM을 발주하기로 결정했다. 우리야 설립된 지 2년 남짓 된 신생 회사이니 상황이나 조건을 봐도 여러 모로 불리한 상태였다. 하지만 나를 포함해 우리 구성원들이 키워낸 가능성의 싹은 훌쩍 자라 있었다. CM 발주 대비팀에서 이미 1년 넘게 각종 자료와 지식을 축적해둔 상태였고, 세계 최고로 꼽히는 경기장 건설 전문가 집단인 미국 클라크로부터 자료 제공과 기술 자문에 대한 약속도 받아놓은 터였다. 입찰 경쟁에서 거인들과 어깨를 겨뤄도 빌리시 않을 자신이 있었다.

드디어 한 달 뒤 상암동 월드컵 주경기장 CM 입찰 결과가 발표됐다. 우리 회사의 수주가 확정됐다. 우리가 낸 제안서가 통과됐다. 참으로 가슴 벅찬 순간이었다.

월드컵 개최까지 4년도 채 남지 않은 때였다. 경기장 시험가동을 할 시간까지 고려하면 공사 기간은 고작 3년 남짓. 그다음부터는 모든 게 시간과의 전쟁이었다. 통상 의사 결정에 걸리는 시간 때문에 공사가 늦어지는 경우가 많기 때문에 이번만큼은 발주처와 시공업체가 신속하게 의사 결정을 내리도록 유도했다. 현장에서는 거의 모든 과정을 주도하고 고쳤다. 설계가 다 끝나기를 기다릴 시간이 없어서 설계시공병행(Fast Track) 방식을 도입했다. 설계가 진행되는 동안 설계가 완료된 부분부터 시공에 들어가는 식이다. 조립식 공법을 최대한 활용해 공장에서 미리 만들어 둔 관람석을 현장에 곧바로 설치하게 하는 등 온갖 아이디어를 짜냈다. 보고와 결재에 걸리는 시간을 최소화했다. 우리 현장 조직을 나의 직할 체제로 전환해 직접 지휘했다. 우리 뿐 아니라 건설에 참여한 타사의 모든 관련자들도 사명감으로 열심히 일했다. 특히 발주자인 서울시 관계자는 우리의 제안과 아이디어를 전폭적으로 지지해줬고 고건 시장은 사흘이 멀다 하고 현장을 방문하고 챙겼다.

2011년 11월, 드디어 상암동 월드컵 주경기장 공사가 끝났다. 관행처럼 여겨지던 예산 초과도 발생하지 않았고, 적정성을 검토해 지붕 면적을 축소하는 등 설계 대안을 강구해 오히려 40억 원의 공사비를 절감했다. 당초 계획보다 착공이 늦어져 월드컵 개최 전까지 마무리할 수 있을지 우려가 많았는데, 우리 회사가 CM을 맡아 부실이나 안전사고 없이 계획보다 4개월이나 앞당겨 공사를 완공해낸 것이다. 대한민국 건설 산업 역사에 길이 남을 순간이었다. 덕분에 상량식 때는 김대중 대통령이 친히 참석해 손을 잡으며 축하해주었다. 회사로써도 그간 우리가 쌓아 올린 노하우와 해낼 수 있다는 가능성을 시험하며 모든 면에서 훌쩍 성장할 수 있는 계기였다.

악취를 풍기던 거대한 쓰레기 매립장이 6만 5000명의 사람들이 드나들며 스포츠를 즐기는, 아시아 최대 규모의 축구 전용 경기장으로 변신했다. 주변에는 대규모 생태공원이 들어섰고, 그 풍광을 즐기기 위한 축제가 열릴 만큼 아름다운 곳으로 변했다. 그리고 주경기장을 세운 우리의 열정에 부응이라도 하듯 2002년 태극전사들은 그라운드 위에서 월드컵 4강의 기적을 이루었다.

대회가 끝난 뒤 경기장 내에 부대시설인 대형마트, 영화관 등을 입점시켰고 최근 12년간 1173억 원의 수익을 냈다. 전국의 경기장 중 유일하게 흑자가 나는 경기장이 되도록 계획 때부터 구상해서 설계에 반영한 결과였다. 이로써 상암동 월드컵 주경기장은 수많은 시민들이 즐거운 마음으로 찾는 명실상부한 랜드 마크가 된 것이다. 결과적으로 우리는 주경기장 신축을 주장하며 내걸었던 공약을 누구보다 확실히 실현했다. 우리 회사 20년사에서 가장 괄목할 만한 프로젝트라 할 만하다. '꿈은 이루어진다', 불가능에서 가능을 만들어 내는 이 구호는 분명히 우리를 향한 것이었다.

저출산 문제는 기업이 책임진다?

회사의 젊은 구성원들이 나에게 자주 듣는 소리가 있다. 대개 미혼이거나 신혼부부들이 주 대상이다. 엘리베이터 안에서나 지나가다 만나면 나는 젊은 구성원들에게 "○○씨, 언제 국수 먹게 해줄 거예요?"라고 곧잘 묻는다. 결혼한 사람들도 내 질문을 비껴가지 못한다. "○○씨, 출산 휴가는 언제 받아갈 거예요?"라고 물으며 은근히 출산 계획이 없는지 압박한다.

회사 대표가 자꾸 곤란한 질문을 해대니 대답하기도 난처할 것이다. 당황하거나 멋쩍게 웃는 구성원들을 보면 그들에게 결혼이나 출산 이야기가 스트레스가 되겠구나 하고 짐작한다. 그 마음을 이해하면서도 나는 질문을 그치지 않는다. 결혼 안 한 구성원에게는 결혼하라고 말하고, 신혼부부에겐 아이를 많이 낳으라고 말한다. 결혼과 출산은 사회적으로 아주 중요한 문제이기 때문이다.

우리 회사에는 독특한 문화가 있다. 우리 회사에 입사하면 젊은 구성원들은 '네 자녀 낳기 운동'에 동참해야 한다. 면접 인터뷰를 하면 면접자들에게 "자녀를 몇 명 낳을 것이냐?"를 묻고, 입사가 결정되면 네 명의 자녀를 낳겠다는 다짐 차원의 서약서도 받는다.

서약서에는 입사 예정자의 사인은 기본이고 배우자 또는 결혼 예정자, 그리고 부모의 사인도 필요하다. 남편, 아내, 부모 삼자가 네 자녀 출산을 서약하는 것이다. 아이를 낳고 키우려면 부모가 도와줘야 하는 순간이 생기기 때문이다. 어떤 부모님들은 손자 넷을 어찌 키울 수 있느냐며 손사래를 치다가 회사에서 우리 사회에 꼭 필요한 정말 중요한 일을 한다는 생각에 사인을 했다는 말도 전해 들었다.

회사에서 서약서를 받기는 하지만, 그렇다고 네 자녀 낳기가 사규적 강제 조항은 아니다. 기회가 될 때마다 출산하라고 밀어붙이고는 있지만 아무리 열심히 외쳐도 당사자들이 마음먹지 않는 이상 나의 주장이 메아리 없는 외침에 그칠 뿐이라는 걸 잘 안다. 다만 왜 회사가 앞장서서 출산을 장려하는지 그 의미를 조금이라도 구성원들이 이해하고 생각해주길 바랄 뿐이다. 개인적으로야 여전히 이 운동의 아주 열렬한 지지자이지만 말이다.

회사에서만이 아니라 회사 밖에서도 마찬가지다. 외부 강의 때마다 능력만 된다면 자녀를 네 명은 낳자고 공공연히 말하고 다닌다. 2005년부터 일간지에 저출산 시대로 접어든 한국 사회를 경고하는 글을 여러 편 기고했고, 내 딸들에게 자녀를 많이 낳으라는 당부를 신문에 편지 형식으로 쓰기도 했다.

저출산 문제에는 공감하지만 서약서까지 받는 건 너무하다는 의견도 많다. 우리 회사에서도 반대하는 구성원들이 많은데 그 이유를 종합해 보면 주로 이러했다.

"주위에 세 자녀 가진 경우도 드물어요. 네 자녀는 정말 거의 없어요. 넷을 다 잘 키울 자신이 없습니다."

"부모님께서 애를 봐주시는 데도 한계가 있잖아요. 회사 다니면서 애 키우기가 얼마나 힘든 줄 아세요?"

"애를 낳고 말고는 본인이 알아서 결정할 문제잖아요. 개인의 삶인데 회사가 나서서 출산을 강요할 수는 없죠."

아주 최근에는 모 대학에 가서 강의를 하며 출산 문제를 언급했다가 아찔한 경험을 했다. 강의에 참석했던 수강생 중 한 명이 학교 페이스북에 네 자녀 낳기 운동을 하자는 내 주장을 비난하는 글을 남긴 것이다. "여성을 애 낳는 기계로 보나?"라며 내 말이 '여성 모독'이며 '회사의 갑질'이라는 것이었다. 거친 표현에서 매우 화가 났다는 게 금세 느껴졌다. 그 학생의 글에 다른 학생들이 동조하는 댓글을 달기 시작했고, 그중에는 입에 담지 못할 욕설로 조롱하는 글도 있었다.

나중에 그 글을 확인하고서 무척 당황했다. 그들과 의견이 다르다고 해서 이렇게까지 원색적인 비난을 받을 거라고는 상상도 못 했기 때문이다. '이것이 요즘 세대의 소통 방식인가?'라고 생각하니 씁쓸하기 그지없었다. 그러는 사이에도 한쪽의 일방적인 말이 걸러지지 않은 채로 SNS를 통해 순식간에 확산되고 있었다.

젊은 세대들과 소통하며 그들에게 조금이나마 도움을 주고 싶어서 시작한 강의가 내 의도와는 정반대의 결과를 초래하고 있었다. 요즘 세대들에게 어떤 이야기를 해줘야 할지 고심하고 나름 준비를 해서 나온 자리였는데, 이렇게 시간을 쪼개 대학생들 앞에 서는 것이 맞는 것인지 근본적인 회의까지 생겼다. 한편으로는 많은 사람들이 듣는 자리이니만큼 더욱 조심해서 말을 하자는 반성도 했다. 그리고 이번 일을 계기로 저출산 문제에 대한 평소의 생각을 정리해보는 것이 좋겠다고 생각했다.

젊은 세대들이 결혼과 출산을 기피하는 데에는 분명 이유가 있다. 그들의 이야기에 귀를 기울이면 공감 못 하는 것도 아니다. 취업 전쟁을 치르고 사회생활에서 살아 남아야 하는 세대가 아닌가. 제 한 몸 건사하기도 힘든 세대에게 결혼을 이야기하고 출산을 이야기하는 게 비현실적으로 들리고, 자기 삶을 남이 간섭하는 것처럼 보일 수도 있으리라고 짐작한다.

그러나 내 생각은 좀 다르다. 난 출산과 결혼 문제가 개인의 영역이라고 생각하지 않는다. 갈수록 출산율이 낮아지는 건 출산할 수 없게 만드는 사회적 문제가 있기 때문이라고 생각한다. 젊은 세대가 해결할 수 없는 사회적 문제라면 나와 같은 세대가 나서서 도와야 하지 않을까. 적어도 손 놓고 바라보고만 있어서는 안 된다는 생각이다. 강연 자리나 신문 기고에서 이와 같은 주장을 끊임없이 하는 것이 어느 정도 긍정적인 반응을 얻게 되면, 다른 기업의 복지 정책에도 변화를 가져올 것이라 기대하기 때문이다.

현재 우리나라 평균 출산율은 1.2로, 지금 상태로 가면 우리나라 인구가 2050년에는 약 4400만 명, 2100년에는 약 3700만 명으로 줄어들 것이라고 한다. 그중 48.2%는 65세 이상 노인인 초고령 사회를 앞에 두고 있다. 이건 대한민국에 큰 재앙이다. 지금의 현상이 계속된다면 우리나라가 어떻게 될지는 뻔하다. 전문가들은 2017년부터 우리나라의 생산 가능 인구가 줄어들 것이라고 분석했다. 인구가 줄고 소비가 둔화되면 기업은 어떻게 살고, 그 구성원은 어떻게 되겠는가. 소비자층이 대규모로 감소하면 수요가 위축되고, 물가 하락, 생산 감소가 줄줄이 이어진다. 디플레이션이 장기간 지속되며 실업률도 더욱 상승할 것이다.

멀리 볼 것 없이 일본에서 우리의 미래를 보고 있지 않은가. 일본은 20여 년 전부터 생산 가능 인구가 줄어드는 '인구절벽' 현상이 시작됐다. 1996년부터 생산 가능 인구가 줄어들기 시작했고 2008년부터 전체 인구수가 감소하고 있다고 한다. 이미 경제가 혼수상태에 빠져 있는 것이다. 전문가들은 우리나라도 가까운 시일 내에 인구절벽 현상이 시작될 거라고 예고하고 있다. 2017년부터 생산 가능 인구가 줄어들어 2030년 즈음에는 전체 인구수가 감소한다는 것이다. 게다가 우리나라의 출산율은 일본의 출산율 1.43명보다도 낮아서 저출산 고령화가 더욱 가속화되어 일본보다 인구절벽 현상도 더욱 빠르게 나타날 거라는 전망이다. 그 결과 전 산업에 '경제적 쓰나미' 현상이 번져 우리 경제는 회복 불능의 상황에 접어든다는 것이다. 그야말로 심각한 상황이다.

인구통계학으로 유명한 미국의 경제학자 헤리덴트는 "한국은 2018년 이후 인구절벽 아래로 떨어지는 마지막 선진국이 될 것이다"라고 경고했다. 저출산 문제야말로 우리나라 미래에 던져진 시한부 핵폭탄이다. 본격적으로 문제가 터져 나오기 전에 어떻게든 막아보려는 노력을 누군가는 해야 한다.

저출산 문제는 개인과 국가의 노력만으로는 부족하다. 나는 무엇보다 기업이 앞장서서 변해야 저출산 문제를 해결할 수 있다고 생각한다. 우리 사회에서 자녀를 출산하는 문제는 엄마의 의지가 없으면 거의 불가능한데, 직장생활과 자녀 양육을 병행하기에는 여성들의 근로 환경이 열악한 경우가 많기 때문이다. 기업이 앞장서서 여성들에게 행복한 일터를 제공하여 결혼, 출산, 육아에 대한 부담을 덜어주어야 한다.

저출산 문제를 이야기하면 꼭 빠지지 않는 것이 육아 지원 제도의 확충이다. 선진국에서는 유치원이나 어린이집에 아침 일찍부터 아이를 맡기는 제도가 보편화되어 있고, 그 외에도 다양한 탁아 제도가 있어서 맞벌이 부모가 더 나은 환경에서 아이를 키울 수 있다. 반면에 우리는 부부가 맞벌이를 하면 할머니가 으레 손주를 맡아 키운다. 탁아 기관이나 육아 도우미들에 대한 불신 탓이다. 그러나 아이를 키우는 것은 노인에게 중노동이다. 오죽하면 신부 어머니의 친구들이 결혼 축하 화환을 보내면서 신부를 향해 '애들은 네가 길러라'라는 문구를 크게 걸어놓겠나. 그렇다고 할머니를 대체하거나 지원할 방법도 마땅치 않다. 시간제 육아 도우미를 구하거나 아이를 어린이집에 보내서 겨우 몇 시간을 버는 정도다. 그야말로 우리는 애 키우기 힘든 사회에 살고 있는 것이다.

사실 그들을 돕는 또 하나의 든든한 배경은 기업일 수 있다. 기업은 아주 현실적이면서도 직접적인 해결책을 제시할 수 있다. 예컨대 국내 대기업들이 나서서 세 자녀 이상 낳기 운동과 함께 '직장 어린이집 확대 운영'과 같이 각종 지원을 한다고 하자. 출산을 이유로 여성들의 경력이 단절되지 않게 막을 수 있으니 기업들도 인력 손실을 막을 수 있고 출산율도 높일 수 있지 않은가. 대기업이 앞장서서 바뀌면 다른 중소기업이 바뀌고, 사회가 바뀔 것이다. 대 기업의 경우 직원들의 합계 출산율을 회사의 중요 지표로 관리해야 한다.

우리 회사는 규모가 크지 않지만, 2005년에 사규를 고쳐 출산 및 육아 지원 제도를 파격적으로 바꾸었다. 현재 시행되는 법률에는 산전산후 휴가 90일과 육아휴직 1년을 보장하고 있다. 법으로 보장된 제도라고는 해도 회사를 다니며 1년간 육아휴직을 쓰는 건 아직까지 우리 현실에서는 그림의 떡이다. 회사에 눈치가 보여 쓰질 못한다.

우리 회사는 산전산후 휴가 외에 3개월간의 육아휴직을 의무화했다. 물론 수당도 지급한다. 되도록 1년의 육아휴직을 권장하고, 사정이 여의치 않으면 최소한 6개월이라도 의무적으로 쓰게 한다. 최근엔 육아휴직 기간을 최장 2년으로 연장하고, 육아 대상도 8세 이하에서 12세 이하로 확대했다.

가정에서 출산을 기피하는 가장 큰 이유가 교육비 때문이라는 걸 알고 학자금 지원을 강화했다. 자녀가 몇 명이든 간에 인원수에 관계없이 유치원부터 대학까지 지원한다. 2010년 3월부터는 입양한 자녀에게도 친생아와 똑같은 혜택을 적용했다. 한국이 고아 수출국이라는 오명에서 벗어남과 동시에 인구 감소를 막기 위한 작은 실천이다.

자녀가 셋 이상이면 회사에 채용할 때 가산점을 적용한다. 인사 발령을 할 때 통근거리를 고려하여 근무지를 배치하고, 인센티브도 제공한다. 탄력 근무제도 적용해 3세 미만의 자녀를 둔 구성원은 오전 8시와 10시 사이에 자유롭게 출근 시간을 선택할 수 있다. 조만간 반일근무제, 재택근무제 등도 도입할 예정이다. 그리고 언젠가 한미글로벌 사옥을 짓고 그 안에 멋진 직장 어린이집도 만들 것이다.

한 나라의 저출산 문제를 해결하는 데는 최소 20년의 시간과 노력이 필요하다. 기업과 국가의 사활이 걸린 저출산 문제 해결에 앞장서는 기업들이 많이 나오기를 기대한다.

3

글로벌 시대를 대비하는 성공 플래닝

글로벌 시대를 준비하는 것은

기업만의 이슈가 아니다.

다가올 미래에 경쟁력을 갖추기

위해서는 개개인이 글로벌

마인드를 준비해야 한다.

해외 시장으로 눈을 돌려라.

해외 취업이 젊은이들에게는

새로운 블루오션이 될 수 있다.

시대마다 요구하는 리더십은 다르다

인터넷이 일상이 되면서 IT 관련 업계가 가장 각광을 받는 오늘날, IT에서 성공을 거둔 대표들의 리더십이 주목받고 있다. 그들의 리더십을 분석해 성공 신화의 비결을 파헤치는 기사들도 쉽게 볼 수 있다.

최근에 내 관심을 끈 기업은 로켓배송으로 유명한 쿠팡이다. 배송 인력을 정규직으로 채용해 4만 개의 일자리를 만들고, 전기 배송 차량을 1만 대로 늘리는 등 공격적인 서비스 경영으로 세간의 이목을 집중시켰다. 또한 지난해에 손정의 소프트뱅크 대표로부터 10억 달러를 투자받았다고 해 언론에서 크게 화제가 되지 않았던가. 손정의 대표가 10억 달러를 투자하고 쿠팡의 주식을 20% 확보했다고 하니, 어림잡아도 쿠팡의 회사 가치가 50억 달러(약 6조 원)라는 계산이 나온다. 갑자기 호기심이 발동했다. '쿠팡의 대표는 어떤 사람일까?'

인터넷으로 쿠팡 CEO인 김범석 대표를 검색하다 더욱 흥미가 생겨 내친 김에 강연 동영상도 시청했다. '창업하면 누구나 하기 쉬운 5가지 실수'라는 제목의 강연인데, 그의 경영 식견이 놀라웠다. 미국에서 청소년 시절을 보내고 20대에 두 개의 기업을 창업한 후 매각하고 한국에 와 서른두 살에 쿠팡을 설립했단다. 정해진 목표를 향해 밀고 가는 뚝심과 추진력이 참 대단하다고 느꼈다.

흥미로운 사실은 김범석 대표가 어려서부터 롤모델로 꼽은 인물이 손정의 대표라는 것이다. 손정의 대표는 고교 1학년 때 학교를 자퇴하고 미국으로 유학을 떠나 도전 정신 하나로 인생을 개척한 경영자다. 소프트뱅크는 M&A 등을 통해 급격하게 성장하고 있고 지금도 반도체업체 인수 등 활발한 활동으로 기업 성장을 추진하고 있다. 우리 회사에서는 그가 쓴 책 《손정의 제곱법칙》을 함께 읽고 토론회를 했는데, 여기에서도 목표가 정해지면 목숨 걸고 싸우는 정신, 그리고 이기는 습관을 기업 문화에 정착시켜 기업을 성공 신화로 이끌었다는 의견이 나왔다.

그러고 보니 두 사람에게는 공통점이 있다. 남보다 일찍 세상 경험을 하고 30대에 CEO로 등극했다는 점이다. 고등학교나 대학 시절에 장기적인 안목으로 인생 설계를 하고 대담하게 추진한 사람들이다.

최근에 주목받는 리더십에는 기업가형 리더십이 많다. 자수성가형 리더십부터 창의적 리더십 등 성공에 대한 롤모델이 대부분이다. 그렇다면 과거 우리나라에서는 어떤 리더가 사람들의 존경을 받았을까.

탁월한 리더십으로 존경받는 인물이라면 누가 뭐래도 세종대왕을 따라갈 수 없을 것이다. '백성의 근심과 걱정을 덜어주는 것이 정치'라는 말에서 알 수 있듯이 세종의 리더십은 애민(愛民) 사상에서 출발했다. 세종의 대표적 업적인 한글 창제도 글 모르는 백성을 불쌍히 여기는 마음에서 시작되지 않았는가. 오늘날 우리나라가 인터넷 강국이란 소리를 듣는 이유도 디지털 시대에 경쟁력을 갖춘 한글이 있었기 때문이다.

애민 사상에서 출발한 세종의 리더십은 신분 제도와 그에 따른 차별이 심했던 조선 시대에 혁신이라고 부를 만한 제도를 탄생시키기도 했다. 한글 창제와 과학 발달 등의 업적에 가려 잘 알려지지는 않았지만 당시만 해도 파격적인 제도였던 '노비들의 출산 휴가 제도'가 그것이다.

조선 시대에 가장 밑바닥 신분인 노비들은 출산 후 산후조리를 제대로 할 수 없었다. 당시에도 관가의 노비가 아이를 낳으면 7일을 쉴 수 있는 제도가 있기는 했다. 하지만 잘 지켜지지 않았다. 노비는 아이를 낳으면 몸이 채 회복되기도 전에 다시 일터로 가야 했다. 후유증은 매우 컸다. 노비는 몸이 망가져 고생하고, 아기는 제대로 보살핌을 받지 못하고 병을 앓다 목숨을 잃는 경우도 흔히 발생했다. 이를 딱하게 여긴 세종은 특단의 조치를 내린다.

"노비에게 100일의 출산 휴가를 주라."

100일의 출산 휴가를 보장받았지만 그것만으로는 부족했다. 출산 예정일까지 고된 일을 하다가 집에 돌아가지 못하고 일터에서 아이를 낳는 노비들이 있다는 소문이 임금의 귀에까지 들려왔다. 세종은 다시 엄명을 내렸다. 노비에게 산후 휴가에 더해 산전 휴가 1개월을 더 내린 것이다.

세종의 파격적인 출산 제도는 여기서 끝나지 않았다. 그로부터 4년 뒤에는 출산한 노비의 남편에게도 한 달간의 출산 휴가를 줬다. 노비는 아내가 노비이면 남편도 노비이다. 천민 신분이라 다른 신분과는 결혼할 수 없기 때문이다. 남편이 일을 나가면 산모는 아무 보살핌도 받지 못하고 혼자 몸조리를 하다 목숨을 잃는 경우가 생겨났다. 이러한 불상사가 생기지 않도록 남편에게도 휴가를 주어 가족을 건사하게 만든 것이다.

세종이 만든, 3단계에 걸친 노비의 출산 휴가는 10년에 걸쳐 완성됐다고 한다. 이는 노비가 어떻게 사는지에 관심이 없었다면 결코 나올 수 없는 제도다. 임신한 몸을 이끌고 노비가 종일 힘겹게 일하는 생활이 변해야 한다는 세종의 리더십이 제도 개혁을 이끈 것이다.

세종 임금과 더불어 한국사의 위대한 인물로 존경받는 이순신 장군은 세종 임금과는 또 다른 리더십을 보여준다. 국운을 좌우하는 전투에서 필승의 자세로 전쟁에 임하는 리더십이다.

몇 년 전 이순신 장군의 발자취를 따라 당시 해전이 벌어졌던 여수 앞바다를 1박 2일 동안 여행할 기회가 있었다. 배를 타고 당시 격렬한 전투가 벌어졌던 바다를 마주하자 500여 년 전 이순신 장군이 호

령하던 그때로 돌아가는 듯한 착각이 들었다. 광활한 바다 앞에서 한 치의 흐트러짐도 없이 '필사즉생 필생즉사'의 각오로 적진을 돌파했을 그의 모습이 그려졌다. 수적인 열세에도 왜적에게 전승을 거둘 수 있었던 건 그의 리더십이 뛰어났기에 가능한 일이었다. 그가 각종 전투에서 보여준 리더십은 선공후사, 솔선수범, 유비무환, 신상필벌, 애국·애족 정신 등 다양하게 꼽을 수 있지만 그중에서 나는 '진인사대천명(盡人事待天命)'을 가장 특별하게 꼽는다.

그는 첫 출전을 앞두고 임금에게 보낸 글의 말미에서 "성공과 실패, 날쌔고 둔한 것에 대하여는 신이 미리 헤아릴 바가 아닙니다"라고 했다. 결과에 초연하되 전투 준비와 전투에서는 지극한 정성으로 목숨을 걸고 최선을 다하겠다는 글로 읽힌다. 인간으로서 해야 할 일을 다 하고 하늘의 뜻을 기다리는 진인사대천명. 이 각오가 승산 없이 보이던 왜적과의 싸움에서 전승하게 만든 이순신의 리더십이라고 생각한다.

이순신 장군은 심지어 임진왜란 때 모함을 받고 옥고를 치르고 백의종군을 하면서도 상황을 원망하지 않았다. 배 12척이 남았을 때의 심정이 어떠했겠는가. 당시에 남아 있던 조선 수군은 오합지졸인 패잔병에 지나지 않았다. 이들을 데리고 왜군과 싸운다는 것은 애초부터 승산이 없는 게임이었다. 보통 사람이라면 절망했을 상황에서도 장군은 "아직도 열 두 척의 배가 남아 있다"며 각오를 다졌다.

나는 위대한 몇몇의 리더들이 세상을 바꾼다고 생각한다. 잔잔한

물에 파문을 일으키려면 수면을 흔드는 '최초의' 무엇이 필요하듯이, 사회가 변화하려면 변화의 물꼬를 터줄 '최초의' 사람이 필요하다. 모택동이 있어서 오늘날 중국이 있고, 리콴유가 있어서 오늘날 싱가포르가 있는 것처럼 변화의 바람 뒤에는 그 시대가 요구하는 리더십이 따로 있다. 역사에 등장하는 다양한 리더들의 모습이 이를 증명해준다.

장기적인 경기 침체인 요즘, 세계의 주목을 받는 인물들이 있다. 구글의 창업자 래리 페이지, 페이스북의 창업자 마크 주커버그 등이다. IT가 미래 성장 동력으로 떠오르면서 언론에서는 그들의 리더십을 분석해 성공 요인을 점치고, 한국 사회의 문제를 진단한다. 그런데 언론의 논조를 보면 마치 우리에게는 없고 선진국에는 있는 무언가를 찾으려는 태도가 엿보인다. '우리에게는 왜 스티브 잡스나 마크 주커버그와 같은 인재가 없을까?', '왜 한국에는 페이스북과 같은 초고속 성장 기업이 나오지 않는가?'식의 질문들을 앞세우면서 말이다.

분야는 다르지만 우리 사회에도 남과 다른 안목으로 탁월한 성과를 낸 리더들이 있었다. 우리나라의 산업을 좌우하는 삼성그룹의 이건희와 현대그룹의 정주영 등이 대표적인 리더다. 수십 년 전 자본도 거의 없는 상태에서 맨손으로 시작해 기업을 세계 수준으로 끌어올린 주역들이다.

1990년대까지만 해도 미국 슈퍼마켓에 가면 삼성전자가 만든 물건이 구석에 먼지가 쌓인 채로 전시되어 있었다. 지금은 휴대전화, TV, 반도체 등에서 자타가 인정하는 세계 최고의 품질을 자랑하고 있지 않은가. 다른 측면에서는 논란이 있을 수 있지만 이건희는 탁월한 리더십을 가진 인물이다. 정주영은 기업이 아니라 산업 자체를 만든 사람이다. 자동차, 건설 등 한국 경제를 떠받치는 주요 산업을 세계 수준으로 이끈 장본인이다.

나는 이건희나 정주영이 마크 주커버그나 래리 페이지와 비교해 결코 능력이 떨어진다고는 생각하지 않는다. IT 산업을 흔히 스티브 잡스 이전과 이후로 나누듯이 세계 5위 규모의 한국 자동차 산업은 정주영과 정몽구가 있었기에, 세계적으로 높은 점유율을 자랑했던 스마트폰은 이건희가 있었기에 가능한 일이었다.

리더십에 있어서 빼놓을 수 없는 인물을 하나 더 짚고 넘어가보자. 애플의 창업자 스티브 잡스다. 스티브 잡스에 대한 사람들의 평가는 극단적이다. 한쪽에서는 그를 함께 일하기 힘든 성격 파탄자에 고집쟁이라며 비난하고, 다른 한쪽에서는 강력하게 핵심 사업을 추진하는 경영의 달인으로 추켜세운다. 흥미로운 점은 세간의 평가와는 관계 없이 그에 대한 직원들의 충성도가 높았다는 점이다. 미국의 대표적인 취업정보사이트 글래스도어닷컴에서 발표하는 종업원 지지율 조사에서 스티브 잡스는 2009년에 91%, 2010년엔 98%의 높은 지지를 얻어 미국 IT 업계에서 직원으로부터 가장 지지받는 CEO로 뽑혔다. 그가 그토록 직원으로부터 지지받는 이유는 뭘까?

나는 창의력을 결집시키는 그의 리더십에 그 이유가 있다고 생각한다. 김정운 교수가 쓴 책 《에디톨로지》에서 "모든 창조는 편집이다"

라고 했다. 세상에 새로운 것은 없으며, 다만 기존의 것을 수정하고 편집한다는 것이다. 아이폰만 봐도 그렇다. 아이폰은 기존에 개별적으로 존재했던 다양한 기술을 잘 편집한 스마트폰이다. 그런 아이폰이 새로운 세대를 대표하게 된 것은 잡스가 자신의 예술적 감각과 창의력, 직원들의 창의력을 한곳으로 모아 적용할 줄 알았기 때문이다.

만약 스티브 잡스가 중세 시대에 태어났다면 그의 괴팍함에 가려 창의적인 리더십은 충분히 발휘되지 못했을 것이다. 마찬가지로 이순신이 전쟁이 없는 평화로운 시대에 태어났다면 필생즉사, 필사즉생의 리더십도 필요 없었을 것이다.

시대마다 요구되는 리더십은 다르다. 왕도 정치를 행하는 조선 시대에는 세종의 애민 리더십이 필요하고, 전쟁 시에는 힘을 모을 카리스마 리더십이 필요하다. IT 기술이 발달한 현대에는 창의적 리더십이 각광받고 있지만, 미래에는 또 어떤 리더십이 주목받을지 알 수 없다. 하지만 불통에 자기 멋대로 구는 독불장군의 리더십은 어느 시대에서나 곤란하다.

물론 요즘처럼 급변하는 세상에는 한 가지 리더십으로 다양한 상황에 대처하기란 쉽지 않다. 내 경우만 해도 그렇다. 위기 상황이 닥치거나 중요한 의사 결정을 해야 할 때, 시공사나 발주자를 설득해야 할 때 각각 다른 종류의 리더십이 작용한다. 행복 경영을 추구하는 경영자의 입장에서는 섬기는 서번트 리더십이 발현되고, 프로젝트를 성공하기 위해서는 목표를 제시하고 밀어붙이는 카리스마 리더십이 필요하다.

한 사람의 리더십이 회사의 성패를 가르고, 팀의 성과를 좌우할 수 있다는 점을 명심하라. 그리고 지금의 시기에 나에게 가장 필요한 리더십은 무엇인가를 생각해 보길 바란다.

5단계 리더십이 가져온 변화

우리 회사의 역사가 곧 대한민국 CM의 역사라고 말할 수 있을 정도로, 우리는 CM의 정착과 확장을 위해 숨 가쁘게 달려왔다. 나에게 회사는 젊음을 불살랐던 삶의 터전이다. 인생의 가장 아름다운 꽃이자 모든 것이라고 생각한다. 감사하게도 외부에서도 그것을 인정해줘서 지금까지 '한국의 100대 CEO'로 열한 번 선정됐다.

리더는 구성원들을 이끌어 최고의 성과를 내야 하는 자리다. 리더로서 조직에서 어떤 자질을 가지고 행동해야 하는지를 고민하며 회사를 경영한 지 어느새 20년이다. 그간 처음부터 고수한 원칙들도 있고, 어느 성장 기점에서 요구되는 사항들을 반영해서 정착시킨 제도도 있다. 지나놓고 보니 이러한 것들을 개인 또는 조직이 갖춰야 할 리더십으로 불러도 되겠다는 생각이 들어 이를 다섯 단계로 정리해 보았다.

1단계 : 기업의 중심에는 '사람'이 있다

회사 경영은 항상 해결해야 할 이슈와 맞닥뜨리는 일이다. 그래서 회사 대표는 할 일이 생기면 항상 우선순위를 정해야 한다. 회사의 성장, 지속 가능성, 차별화, 변화와 혁신 등을 다각적으로 생각하고 판단을 내려야 할 때가 많다.

어떤 사안들을 해결할 때 내게 절대적인 우선순위가 되는 것은 '사람'이다. 기업은 곧 사람이기 때문이다. 회사 창립 초기부터 구성원이 중심인 회사를 만들자고 생각했고 그 원칙이 흔들린 적은 없었다. 회사 구성원이 중심에 서면 그들이 스스로 노력해 업무 성과가 올라간다. 이는 외부 고객의 만족도를 높이는 결과로 이어지고 궁극적으로는 회사 성과를 높이는 선순환 모델이 실현된다.

구성원이 중심인 회사를 만들자고 생각하자 다음 할 일도 분명해졌다. 다양한 제도를 도입해 구성원이 일하기 좋은 직장을 만드는 것이다. 종업원 지주 제도, 2개월 유급 안식 휴가, 학자금 지원 제도, 출산 장려금과 출산 휴가 6개월 의무 사용, 탄력 근무제, 남녀 육아휴직 1년 보장 등이 대표적이다. 창립 초기부터 실시한 제도도 있고, 구성원들의 의견을 듣고 시간이 지나 정착시킨 제도도 있다.

한국에선 보기 드문 수준의 복지제도를 실시하자 구성원들도 좋아했지만 더 좋아한 건 구성원들의 가족이다. 아빠, 엄마 또는 남편, 아내가 다니는 회사에 대한 자부심이 생기고 신뢰하게 됐다고 한다. 회사는 9년 연속 한국경제신문사가 주관하는 '대한민국 훌륭한 일터상'

을 받았고, 세계 인사관리 컨설팅 조직인 에이온휴잇이 선정한 '최고의 직장'에도 네 번 연속 선정되기도 했다.

2단계 : 지속 가능한 경영을 추구하고 행동으로 실천한다

'우리 회사의 차별화 요소는 무엇일까.'

회사를 창립한 이래 늘 머릿속에서 떠나지 않는 질문이다. 건설업계의 관행들을 떠올리니, 그 대답도 금세 나왔다.

수많은 기업들이 목적 달성을 위해서라면 수단과 방법을 가리지 않고 태연히 범법을 저질러왔다. 기업의 부패 문제는 끊임없이 언론 지상에 오르내리고, 우리나라의 청렴 지수는 OECD 국가들 중에서 항상 꼴찌 수준을 기록한다. 언제 어떻게, 어디에서부터 해결의 실마리를 찾을지 참 막막하다.

지속 가능한 기업을 만들기 위해서는 기업의 조직문화부터 바꿔나가야 한다고 생각했다. 조직의 장이 바뀌더라도 조직의 유전인자처럼 남아 있는 게 기업 문화가 아닌가.

우리 회사의 조직문화는 크게 두 가지 흐름으로 전개된다. 하나는 미국의 훌륭한 일터(GWP) 운동을 한국 기업에 맞게 수정하여 구성원의 행복을 추구하는 문화다. 앞서 말한 각종 다양한 제도들을 실시한 것이 이 문화의 일환이다.

여기에 더해 업무 혁신을 꾀하려는 목적으로 실시하는 조직문화 운동이 있다. 나는 이것을 '행동 지향적인 조직문화 운동'이라고 부른다.

건설업은 가치 창출을 위해 끊임없이 공부해야 하는 분야 중 하나다. 발주자가 원하는 것을 파악하고 그 가치를 창출해야 하기 때문이다. 그러기 위해서는 전문지식, 기술, 역량, 노하우 등을 지속적으로 향상시켜 경쟁하는 수밖에 없다. 개개인이 최고 수준의 전문가가 되지 않고서는 힘든 일이다.

창업 초기만 해도 국내에 CM을 아는 사람이 많지 않았다. 당연히 전문 지식을 기대할 수도 없는 형편이었다. 경험이 부족해 소통이 되지 않는 최악의 상황도 준비해야 했다. 내부 교육을 강화해 전문성을 키우는 것부터 시작해야 했다. 구성원들을 CM 경험이 풍부한 외국 인력과 함께 프로젝트에 근무시킴으로써 살아 있는 교육이 되도록 했고, 선진 외국 기술을 배웠다. 사례를 모아 학습하는 것도 게을리하지 않았다. 현재도 고강도의 교육 프로그램을 도입해 역량을 키우고, 정기적으로 강사를 초빙해 인문학적 사고를 넓히고 있다. 한 달에 한 번 선정한 도서를 읽고 주제 토론을 벌이고 공유하는 것도 정착된 문화 중 하나다. 민감하게 변화하는 사회적 흐름들을 놓치지 않고 새로운 아이디어를 창출하기 위한 노력이다.

3단계 : 혁신은 낡은 시스템에 대한 문제의식에서 출발한다

1996년, 회사를 창업하겠다고 하자 주변에서 걱정이 많았다. CM이란 생소한 분야에 도전하는 것에 대한 우려 섞인 걱정이었다. 그럴 때마다 우리나라 건설업계에 CM의 필요성을 설명하며 열심히 설득해 나갔다.

“CM이 뭐야? CM 송이야?”

“발주처를 대신해서 공사가 끝날 때까지 건설 전 과정을 관리하는 일이에요. 우리나라엔 아직 없는 분야지요.”

“시공사나 관련 업체들이 각자 알아서 하던 일을 관리한다는 거네. 관리를 한 번 더 받는 건데, 기존 건설업체들이 좋아하겠어?”

“성수대교, 삼풍백화점이 무참하게 붕괴되는 것 보셨잖아요. 이게 다 부실 공사로 대형 참사가 일어난 거예요. 한국도 이제 옛날 방식대로만 고집할 순 없어요. CM은 이미 해외에서 적용되고 있는 선진 기술이에요. 한국 건설 산업 선진화를 위해서는 꼭 필요한 일이고요.”

“기존 건설업체들과도 갈등이 생길 거야. 자칫 미운털이 박힐 수도 있어.”

“어차피 한 번은 겪어야 할 일인데요 뭐. 원칙을 지켜내면 되죠.”

집에서도 걱정이 컸지만 아무 말도 하지 않았다. 한번 결심하면 무식하다 싶을 정도로 뚝심 있게 밀어붙이는 성격이라 말린다고 듣지 않으리란 걸 잘 알고 있기 때문이다.

우리나라 건설 관련 시스템은 과거 산업화시대와 민주화시대에 만들어진 것이다. 시대는 빠르게 변화하고 있는데 건설 관련법이나 제도, 사고방식 등은 과거에서 벗어나지 못하고 있다.

제도는 과감히 정리하는 '법의 재건축'이 필요하다. 건설 기업인의 한 사람으로서 내가 건설 선진화가 꼭 필요하다고 강조하는 이유가 여기에 있다. 선진화는 혁신, 개혁과도 통하는 말이다.

사실 정치, 법, 규제를 선진화해 모든 시스템을 재구축하는 일은 시대적 과제다. 외국의 선진 기술을 맹목적으로 받아들인다고 이뤄지지도 않고 단기적으로 해결되지도 않는다. 50년, 100년을 내다보고 시행해야 할 장기적 과제다.

나는 건설 공사 과정에서 자주 발생하는 분쟁 환경을 바꾸는 데 CM이 중요한 역할을 할 거라고 판단했고 20여 년 동안 우리나라에 CM을 통해 건설업계의 고질적 문제를 해소하기 위해 달려왔다. 그 노력을 인정받아 2013년에 대한민국의 산업 발전에 기여한 공학 기술인에게 수여하는 한국공학한림원 대상을 수상했다. 나는 상금으로 받은 1억 원에 사비 1억 원을 보태 2억 원을 한국공학한림원에 다시 기부했다. 그 기부금을 토대로 탄생된 모임이 '한반도 국토포럼'이다. '통일 시대 한반도의 비전과 전략'을 주제로 각계각층의 전문가들을 모아 남북 경제 격차를 해소하기 위한 방안을 논의하는 등 통일 후 한반도를 준비하는 포럼을 정례적으로 갖고 있다.

건설 선진화를 이루기 위해서는 마음을 조급하게 먹지 않고 준비하고 대응해 나가는 길밖에 없다. 한국 건설 산업이 나아갈 길을 누군가는 끊임없이 제시해줘야 한다. 나 또한 건설 관련 분야에서 일하는 이상 건설 선진화를 위한 책무가 있다고 생각한다.

는 이상 건설 선진화를 위한 책무가 있다고 생각한다.

4단계 : 글로벌 인사이트로 기술 경쟁력을 키운다

우리 회사의 목표는 CM 전문 기업에서 한걸음 더 나아가 기획, 설계, 발주, 시공, 운영을 아우르는 토털 솔루션 프로바이더 회사, 즉 건설 전반을 원스톱으로 처리할 수 있는 포트폴리오 시스템을 갖춘 회사가 되는 것이다. 고객들이 이러한 서비스가 필요하다고 요구하면 자회사나 제휴사를 통해 곧바로 들어줄 수 있는 시스템을 마련하는 것이다. 이 밖에 발전 프로젝트 및 신재생 에너지, 인프라 사업, 환경 사업, 플랫폼 사업 등 신사업에도 도전하고 있다.

글로벌 건설 시장은 2015년 기준 약 9조 3천억 달러로, 한국 시장(1000억 달러)의 90배가 넘는 규모다. 글로벌 시장에서 성과를 내지 않으면 100년 경영을 목표로 회사가 성장할 수 없다.

사람도 마찬가지다. 세계가 하나의 생활권 안에 놓이면서 국제적인 경쟁력을 갖춰야 살아남는 시대다. 건설 관련업체들이 끊임없이 불거져 나오는 부정부패, 비리, 담합 등 전근대적이고 비효율적인 설계 기준이나 기술 관리 제도를 개선해 나가야 하듯이, 개인도 글로벌 시대에 고립되지 않도록 노력해야 한다. 글로벌 시대에 맞는 국제 경쟁력을 갖추기 위해 준비해야 할 때다.

5단계 : 리스크를 예견하고 비전을 구체화한다

국내 최초로 CM을 도입했을 때는 우리의 노력에 성과가 달려 있었지만, 효과가 있다는 게 증명되자 비슷한 업체들이 우후죽순 생겨났고, 얼마 지나지 않아 우리는 여러 업체들과 경쟁해야 했다. 저가 수주로 경쟁하는 업체들도 생겼고, 해외의 움직임에도 대비해야 했다. 뒤늦게 뛰어든 중국이 빠른 속도로 추격해왔다. 세계적 건설전문지인 〈ENR〉의 CM/PM 순위 20위권에 이름을 올린 중국 업체가 두 군데나 있다.

2014년 우리는 비전 2020을 선포했다. 2020년까지 '매출 1조 원, 글로벌 톱 10 CM 기업'이 그 목표다. 아울러 비전 2020에 맞는 실현 가능한 계획을 전 계열사, 전 부서가 세우고 동참하고 있다.

비전 2020은 회사 고유의 성장 전략이다. 성장의 중요성은 누구나 잘 안다. 하지만 내가 바라는 건 질 좋은 성장이다. 수단과 방법을 가리지 않는 목적 지향적인 성장이 되어서는 안 되고 무리하게 성장해서도 안 된다. 회사의 가치를 지키고 유지하는, 의미 있는 성장이 되어야 한다.

건설 산업의 가치를 창출하는 것과 함께 산업 발전에 공헌해야 한다는 미션도 잊지 말아야 한다. 혼자 잘 먹고 잘 사는 성장은 바람직하지 않다. 동반 성장을 해야 한다. 성장에는 위험 요소가 따른다. 성장하기 위해서는 도전해야 하고 실패와 위험 없이는 도전할 수 없기 때문에 동반 성장은 필수불가결한 조건이다.

비전이 있다는 건 자신이 가고자 하는 방향을 미리 정했다는 것이다. 그 방향으로 가려고 노력할 때 달성은 쉬워진다. 비록 현실적인 한계에 부딪혀 목표에 도달하지 못할지라도 제대로 된 길을 걷게 될 것이라는 믿음을 갖게 해주는 등불이다.

몰입, 성공 신화의 비밀

세계 최대의 인터넷 쇼핑몰로 급성장한 알리바바의 회장 마윈도 초기엔 보잘것없었다. 대학을 졸업하고 알리바바를 창업하기까지의 경력이라고 해야 영어 강사, 줄줄이 실패한 몇 번의 창업 이력뿐이었다. 중국 항저우의 가난한 청년이 26조 원의 자산 가치를 지닌 아시아 최고의 부자가 되기까지에는 우여곡절이 많았다. 사업 자금이 없어 자기 집에 사무실을 차렸고, 인터넷 사업을 하겠다고 목표를 정했으나 IT 기술은 전무해 주변의 심한 반대에도 부딪혔다. IT 기술과 관련해 우수한 인재들을 채용하고 악조건들을 하나씩 해결하며 전자 상거래 시스템을 만들어 시작한 회사가 바로 알리바바이다.

이후 마윈은 고객에게 감동을 주는 서비스로 고객을 늘리고, 더 나아가 고객들이 간편하게 결제할 수 있도록 자체적으로 안전거래 결제 시스템을 개발하면서 몇 년 만에 급성장했다. 하루에 알리바바를

드나드는 고객만 1억 명에 달하고, 중국 온라인 쇼핑의 80%를 알리바바가 점유했다고 하니 그 위력이 대단하다. 마윈이 짧은 기간에 이와 같이 성공할 수 있었던 배경에는 '인터넷이 세상을 바꿀 것'이라는 강한 믿음이 있었다. 흔들리지 않는 신념으로 인터넷 사업에 집중해 결국 이뤄낸 것이다.

역사상 큰 족적을 남긴 위대한 사람들은 몰입의 대가였다. 마윈뿐 아니라 빌 게이츠, 스티브 잡스, 손정의 등도 자기 일에 지독하게 몰입하여 성공한 사람들이다. 스티브 잡스도 "세상을 바꿀 수 있다고 생각할 만큼 미친 사람들이 결국 세상을 바꾸는 사람들이다"라는 믿음으로 혁신을 일으키지 않았는가. 잡스는 완벽에 대한 열정과 맹렬한 추진력으로 여섯 개의 산업 부문에 혁명을 일으킨 창의적인 기업가의 롤러코스터 인생을 보여줬다. 몰입이 역사를 창조하고 위대한 개인을 만든 것이다.

언젠가 황농문 서울대 교수를 회사로 초청해 몰입에 대한 강의를 들었다. 황농문 교수는 몰입을 '우리 뇌가 생명을 거는 것으로 착각할 정도로 절체절명의 집중 상태'로 정의하면서 몰입을 하면 결과에 관계없이 마음이 아주 행복해진다고 했다. 결과에 괘념치 않아도 몰입을 하면 심리적인 평화와 희열이 뒤따른다는 것이다. 무사안일주의, 현실 안주, 실천 없는 공허한 말, 변화와 혁신을 기피하는 태도 등 내부의 적이 몰입을 방해하지는 않는지 깊이 생각해보라는 말로도 들렸다.

삶의 질 연구소 소장인 칙센트 미하이 박사는 몰입의 상태를 '삶이 고조되는 순간에 물 흐르듯 행동이 자연스럽게 이루어지는 느낌', '하늘을 자유롭게 날아다니는 느낌'이라고 정의 내렸다. 몰입을 좀 더 자주 경험하면 삶의 질이 향상되고 행복해진다는 것이다.

내가 창업 초기부터 줄곧 원칙으로 삼아온 것 중 하나가 '행복 경영'이다. 행복 경영을 한마디로 말하라고 하면 '구성원이 하나 되는 운동'이라고 답한다. 그리고 행복 경영을 통해 구성원들의 마음이 서로 통하는 '몰입'을 경험할 수 있다는 점을 늘 강조했다. 구성원들이 동료애를 바탕으로 서로 신뢰하고 재미있게 일하면서 하나가 되면 조직에 대한 자긍심이 높아진다는 의미를 압축적으로 표현한 것이다.

하나가 되어 서로 진심이 통하면 그 조직은 뭉친다. 각자의 힘이 가속도가 붙고 시너지가 생겨 폭발적인 에너지를 생성한다. 1+1이 2가 아니고 3 또는 5가 될 수 있는 에너지다. 일하는 방법이나 시스템을 개선하여 성과가 획기적으로 향상된 사례를 현대 경영학의 발전과 함께 수없이 목격하지 않았는가. 행복 경영으로 몰입하여 경영하면 기대에 부응하는 행동과 성과가 나기 마련이다.

"서로 눈치 보고, 경계하고, 경쟁하고, 상하 간 불신이 생기면 하나가 되기는 힘듭니다. 벤처기업의 창업 동지처럼 '나'와 '너'를 뛰어넘는 '우리'가 되어야 합니다. '우리'가 하나가 되기 위해서 소통은 필수입니다. 일할 때는 재미가 있어야 합니다. 상하 간에는 신뢰가 뒷받

침되어야 합니다. 여기에 감사하는 마음이 더해지면 서로의 가슴이 연결됩니다."

이것이 내가 추구하는 행복 경영의 자세이고 방법론이다.

소통, 행복 경영의 필수 조건

회사생활에는 인맥이 중요하다는 말을 자주 듣는다. 인맥을 잘 쌓아야 회사생활을 오래 하고 잘할 수 있다는 말이다. 사람이 중요하다는 말에는 동의하지만, 나는 그 말을 인맥 관리로 생각하지 않는다. 사람과의 '소통'에서 그 해답을 찾는다.

CM 업무는 성격상 업체들과의 만남이 잦다. 건물 하나를 짓는 데 발주자, 설계사, 시공사 등 관련 업체들을 자주 만나야 한다. 이해관계가 다른 업체들의 의견을 조율하고 별 탈 없이 진척되도록 준공 날짜까지 관리하는 게 주요 업무이기 때문이다.

관련 업체와 부서들끼리 소통이 잘되면 어떤 문제가 생겨도 원활하게 일이 돌아갈 것만 같다. 하지만 실제 업무에 들어가면 마음처럼 잘 안 되는 일이 많다. 분명 동쪽으로 가라고 했는데 서쪽으로 가는 상황이 종종 발생한다. 그래서 내 나름대로 소통에 대한 기본 원칙을 정했다.

프로젝트가 시작되면 끝날 때까지 '긴장 모드' 상태가 된다. 언제 어디서 어떤 사고가 터질지 모르기 때문이다. 철저히 준비를 해도 현장에선 늘 크고 작은 사고가 생긴다. 대부분은 소통 부족에서 비롯되는 사고다.

삼성 건설에 들어가 서울대학교의 호암 생활관을 지을 때였다. 삼성이 대학에 기증하는 2층짜리 교수회관과 5층짜리 숙소 두 개동으로 규모로만 보면 작은 공사에 속했지만 창업자인 이병철 회장의 호를 내건 건물이라 그룹 차원에서 특별한 관심을 보였다. 거의 공사를 마치고 마무리에 들어가는 때였는데 삼성그룹 이건희 회장이 직접 준공식에 참석하겠다는 연락이 왔다. 그야말로 비상이었다.

때 아닌 비상에 전화는 쉬지 않고 울려댔다. 그룹 비서실을 포함해 관련 부서에서 수시로 전화를 해댔다. 인사 담당 임원까지 직접 나서서 준공식 준비가 어느 정도 진행됐는지 일일이 챙겼다.

"이야, 본 공사보다 준공식이 더 큰 공사다."

누군가 농담 삼아 한 말에 껄껄대며 웃었지만, 사실 틀린 말도 아니었다. 준공식 식순부터 시작해 이건희 회장 동선과 각종 의전 준비, 행사 비품, 음식 등 처리해야 할 일들이 산더미였다. 대학에 대기업 회장이 들어오는 것 자체가 무척 조심스러운 일이라 학생들과의 충돌도 염두에 두어야 했다. 다치는 사람이 없도록 혹시 생길지 모를 돌발 상황을 가정하고 대비책도 마련했다. 문서로 정리해 보니 그 분량이 A4 용지로 250쪽이나 되었다.

공사 막바지에 이르러 임시 사무실을 철거하고, 회관동의 지하실 한쪽을 빌려 사무실로 썼다. 칸막이도 없이 책상과 의자만 놓고 5~6명의 직원들이 직위 구분 없이 앉았다. 제 할 일 하기 바쁜 때였다. 소장인 나도 예외가 아니었다.

당시 사무실에는 대여섯 명의 직원이 있었는데 구성원 각자에게 업무를 배정했다. 그중 설비 부서에 새로 들어온 신입 사원에게는 화장실에 필요한 물품을 준비하도록 일렀다. 준공식을 며칠 앞두고 총점검에 들어갔다. 준공식에 공개될 현장 화장실에 종이타월이 보이질 않았다. 준공식 때 올 내방객들이 사용할 필수품인데 아직 현장에 입고되지 않은 것이다.

신입 사원을 다그쳤더니, 좀 시간이 걸리긴 하지만 준공식 전까지는 꼭 들어올 거라고 자신했다. 그런데 이게 웬일인가. 준공식을 이틀 남기고 확인했더니 종이타월이 아닌, 화장실에 이미 설치되어 있는 종이타월 박스가 들어온 게 아닌가. 어떤 이유에선지 신입 사원이 종이타월을 종이타월 박스로 잘못 들은 것이다. 그 순간 별생각없이 그냥 지나쳤던 며칠 전 상황이 떠올랐다. 신입 사원이 전화로 종이타월을 주문할 당시 나도 옆에 있었다. 업무 중에 통화 소리가 가끔씩 들렸는데, 종이타월을 주문하면서 가로, 세로 치수까지 일일이 지정하는 게 이상하다고 생각하면서도 대수롭지 않게 넘긴 것이다.

그때의 실수로 깨달은 게 많다. 어떤 일을 하든 이상하다는 생각이 들면 그때는 무조건 다시 확인하는 수밖에 없다. 그래야 실수가 없다. 1차적인 책임은 신입 사원에게 있지만, 이상하다고 느꼈으면서 바로 확인하지 않고 넘어간 나의 책임도 크다. 화장실 종이타월로 끝났으니 망정이지, 만약 그게 계단 표지판이나 건물 현판이었더라면 어땠을까. 다시 발주하고 기다릴 시간이 없어서 준공식을 성공적으로 치르지 못했을지도 모른다. 지금도 그때를 생각하면 정말 아찔하다. 말로 지시하는 게 얼마나 안전하지 못한 건지 실감한 순간이었다.

그 뒤로 현장 소장을 할 때 새로운 버릇이 생겼다. 업무 관련 지시를 할 때 꼭 지시 메모첩을 사용하는 것이다. 메모지마다 복사지가 딸려 있어서, 지시할 때는 메모를 해서 주고 복사본을 확인하면 된다. 지시를 기록으로 남기고, 내가 할 일도 기록에 남겨 시간이 지나도 언제든 확인할 수 있다. 실수로부터 유용한 교훈을 얻은 것이다.

내 개인 홈페이지(www.kimjonghoon.com)에 'CEO 단상'이라는 코너를 만들어 운영한 지 벌써 12년이 넘었다. 일주일에 한 번씩 회사 인트라넷에 구성원들 보라고 직접 글을 써서 올렸던 것을 내 홈페이지에도 올려 일반인도 읽을 수 있도록 게시하는 코너다. 2004년에 처음 홈페이지를 만든 후로 일주일에 한 번, 한 편씩 올린 글이 어느새 670여 편을 넘었다.

홈페이지 운영은 디지털 시대를 살아가는 나의 소통 방법 중 하나다. 홈페이지를 처음 만들 때만 해도 사람들과 생각을 주고받을 수 있는 공간이 그리 많지 않았다. 글을 써서 홈페이지에 올리면 나를 아는, 혹은 모르는 사람들이 내 홈페이지를 방문해 글을 읽는다는 사실이 신기했다. 내 글을 읽고 댓글로 공감한다고 적어 주는 사람들도 생겼고, 나와는 다른 생각들을 조곤조곤 말하는 사람들도 있었다. 폭발적인 반응을 보이는 글도 있고 그렇지 않은 글도 있다. 어쨌든 내가 쓴 글에 달린 댓글들을 하나씩 읽어가는 것도 홈페이지를 운영하는 또 다른 재미 가운데 하나다.

요즘에는 소통의 통로가 더욱 다양해졌다. 카카오톡, 페이스북, 트위터, 인스타그램 등 다양한 소셜네트워크(SNS)가 등장했고 소통의 속도도 점점 빨라지는 느낌이다. 홈페이지보다는 페이스북이나 트위터에 가입하는 게 낫지 않겠느냐고 권유하는 사람들도 있지만 아직까진 자중하겠다고 말한다. 페이스북이나 트위터까지 시작했다가는 시간을 너무 많이 뺏길 것 같아서다. 주마다 홈페이지에 글 한 편을 올리는 일도 생각보다 많은 에너지가 들기 때문에 사실 다른 것에 힘을 쏟을 여력이 없다.

CEO 단상을 처음 만들게 된 계기는 소박했다. 회사 구성원들에게 내 생각을 전하고 싶어서다. 자신이 다니는 회사의 대표가 요즘 무슨 생각을 하고 다니는지를 일상 속에서 전하고 싶다는 바람이었다.

구성원들이 CEO의 생각을 읽는 건 대단히 중요하다. CEO가 바라보는 회사의 방향과 철학을 공유할 수 있기 때문이다. 홈페이지에 올리는 내용도 회사 업무로 국한하지는 않았다. 내가 하고 싶은 이야기들을 자유롭게 쓴다. 회사 대표로서 일정을 수행하다가 느낀 점, 읽은 책 중 기억에 남는 부분이나 느낀 점, 구성원들이 함께 공감할 수 있는 이야기, 여행 이야기 등 다양한 생각들을 글로 올렸다.

일주일에 한 번, 글을 통해 구성원들과 만난다는 것은 나를 행복하게 만드는 일 중 하나다. 구성원들이 내 글을 보고 생각을 공유하기 때문이다. 그러나 이 일은 한편으로 스트레스로 작용하기도 한다. 어떤 주제로 이야기를 어떻게 풀어나갈지 구상이 떠오르지 않을 때도 많기 때문이다. 회사 구성원들을 포함해 일반 사람들에게도 내 글을 공개하고 있기 때문에 소홀히 할 수도 없는 노릇이다.

주로 일요일에 글을 쓰는데, 이전 주말에 많이 생각하고 글의 윤곽을 잡아나간다. 언론사에서 기고를 요청하는 때도 있어서 일주일 안에 CEO의 단상 외에도 여러 편의 글을 써야 할 때면 더욱 그렇다. 바쁜 업무에 시달려 중간에 중단하고 싶은 적도 있었지만 일주일에 한 번, 한 편씩 글을 꾸준히 올리고 있다. 귀찮은 마음이 들 때도 있지만 그건 한순간이다. 글을 쓰는 이 시간만큼은 사람들과 소통할 수 있는 귀한 시간이라는 걸 잘 아는 까닭이다.

한 편의 글을 완성하기까지는 생각보다 많은 시간이 걸린다. 책상에 앉으면 일필휘지로 글을 써내려가지만, 글을 쓰기 전까지 준비하는 시간이 꽤 길다. 어떤 주제를 정할지, 하고 싶은 말이 정해지면 어떤 식으로 전할지도 구상해야 한다. 어느 정도 생각이 정리되고 윤곽이 잡히면 그제야 글을 쓴다. 글을 쓸 때는 컴퓨터 대신 손글씨를 더 선호한다. 넉넉잡아 한 시간 정도면 글 한 편이 나온다. 그러나 이 글을 홈페이지에 올리기까지는 시간이 또 필요하다. 앞뒤 문장이 호응이 이뤄지는지, 더 좋은 표현이 있는지, 틀린 글자는 없는지 4~5차례 교정을 본 뒤에야 글을 올린다. 이리저리 약 10번은 살펴본 후에 글을 올린다.

내 홈페이지가 떠들썩한 쌍방향 소통의 장이 되길 바란다. 고심해서 쓴 글을 구성원들이 읽고 댓글로 자기 의견들을 활발하게 달았으면 좋겠다. 지금도 말랑말랑한 주제로 쓴 글에는 댓글이 많이 달리지만, 아무래도 거시적 담론이나 회사 경영 방침에 대한 글에는 댓글 달기가 만만치 않은 모양이다. 업무가 바빠서 그럴 수도 있고 회사의 최고 경영자의 글에 댓글을 다는 게 주변 사람들에게 어떻게 비칠지 부담스러워서일 수도 있다. 그 마음들을 이해하고는 있지만 한편으로는 아쉽기도 해서 '얄미운 구성원들에게'라는 제목으로 푸념 섞인 글을 올린 적도 있다.

사안에 따라 다르기는 하지만 사내 인트라넷에는 20~30개씩 댓글이 달리는 경우도 꽤 있다. 댓글 수가 적어도 꽤 많은 조회 수를 기록하고 댓글도 달려 있어, 소통이 가로막힐 정도로 문제가 된 적은 없었다. 글을 읽고 생각에 공감한다는 댓글도 많이 달리는 편이다. 무엇보다 인트라넷에 쓴 글과 나의 평소 행동이 일치하는 것을 발견하고, 회사 대표에 대한 신뢰가 높아졌다는 댓글 내용을 보면 계속 글을 쓸 수 있는 힘을 얻게 된다.

12년 동안 규칙적으로 홈페이지에 글을 올렸더니, 많지는 않아도 외부에서 내 글을 기다리는 애독자도 생겼다. 모 언론사의 편집국장은 홈페이지를 매주 읽으면서 내 근황을 속속들이 알 정도다. 결국 그런 사람들이 한미글로벌의 팬이 되고, 결정적인 순간에 회사를 지탱하는 힘이 되어줄 거라고 믿는다.

홈페이지를 통하든 메일이나 만남을 통해서든 소통은 업무의 가장 기본적인 요소다. 회사의 업무는 곧 상하 간 소통, 동료 간 소통, 부서 간 소통, 관련 이해당사자 간 소통 등 끝없는 소통의 연속이다. 더불어 회사 밖에 있는 관계자와도 소통을 통해 환경을 구축해나간다. 결국 소통을 잘하는 회사가 능력 있는 회사다.

회사에서는 회사 구성원들 간이나 고객과의 기본적인 소통 원칙을 매뉴얼로 만들어 공유했다. 조그만 책자로도 만들어 필요할 때마다 볼 수 있도록 했다. 중요한 회의를 하거나 다 같이 공유해야 하는 업무 내용은 그날 메일로 보내는 식이다. 프로젝트를 진행하면서 합의한 사항은 무조건 문서화해야 한다. 나중에 시행착오가 생기지 않도록 하려는 조치다.

일을 하다 보면 불완전한 소통 때문에 예상 밖의 엉뚱한 상황이 종종 발생하는데, 이와 같은 소통 문제를 해소하기 위해서는 매뉴얼을 잘 지켜 실수를 최소한으로 만드는 수밖에 없다.

우리 회사는 소통을 활성화하기 위해 40여 개의 다양한 소통 수단들을 운영한다. 앞서 말한 CEO 단상도 소통의 한 수단이다.

다른 회사와 차별화되는 우리 회사만의 독자적인 소통 방법들도 많다. 대부분이 구성원들 모두 참여하는 프로그램들인데, 그 대표적인 소통 방법이 3분 스피치, 독서 캠페인, 교양강좌 등이다. 이 외에도 직위 고하를 따지지 않고 수평적 소통을 위한 원탁회의가 있고, 사회공헌 활동과 동호회 활동 등을 하면서 하는 비공식 소통도 장려하는 편이다.

3분 스피치란 원고를 보지 않고 기승전결을 갖춘 자기주장을 3분 내에 말하는 연습이다. 소통의 기술을 뛰어난 화술로 여겨서는 곤란하지만, 말하기 기술을 갖추고 있다면 확실히 소통하는 데 도움을 받을 수 있다. 3분 스피치는 매주 월요일 아침 사내 생방송으로 하는데, 전 구성원에게 순서가 돌아간다. 주제는 자유롭게 선택하고, 표현 방식도 자유다. 연설이 될 수도 있고 대담이 될 수도 있다. 회사에 대한 쓴소리도 환영한다. 단 하나, 규칙이 있는데 3분이라는 시간을 꼭 지켜야 한다. 임원들에게는 요구 수준을 조금 더 높여서 매달 한 명씩 10분 스피치에 도전하도록 한다. 다들 부담스러워하는 일인 건 알지만 꼭 필요한 훈련이다.

독서 캠페인은 전 구성원이 매월 책 한 권을 읽고 독서평을 제출하는 것이다. 1인당 연 20만 원의 도서 구입 비용을 지원하고 있고, 실제로 필요한 책을 구입하는 것에는 제약이 없다. 회사에서 선정한 도서와 구성원들 자신이 선택한 도서를 격월로 읽는다. 책을 읽은 뒤에는 반드시 감상을 기록으로 남기도록 하는데, A4 용지 2장 분량으로 독서평을 써서 매달 말일까지 제출한다. 그중 우수 서평으로 뽑히면 포상도 한다.

교양 강좌는 매달 월례 조회 후 1시간 30분 동안 진행된다. 사회 각층의 저명인사를 모셔 다양한 주제의 다양한 강의를 듣고 질의 응답하는 시간이다. 영상으로도 촬영해 그 내용을 회사 구성원 모두와 공유한다.

사랑의 자선 바자회와 성금 모금 활동도 소통의 과정이고 필요할 때마다 비정기적으로 열린다. 함께 일하는 우리 구성원을 돕기 위해 열린 적이 있는데, 다들 폭발적인 호응을 보여 주었다. 백혈병으로 힘든 투병생활을 하던 H부장을 위해 구성원들이 힘을 합해 바자회를 열고, 헌혈증과 성금을 모금하는 등 응원을 보내 주었다. 결국 그는 백혈병을 극복하고 현업에 복귀했다. 대장암을 앓고 있는 환우를 위한 바자회도 열었다.

소통 프로그램은 구성원 간의 결속력을 높인다. 타 부서의 구성원끼리 서로를 알게 되는 효과가 있어 업무 효율을 높일 뿐 아니라 임원과 사원 사이, CEO와 임원 사이를 잇는 다리가 되어준다. 또 그 시간에 일어난 에피소드나 화두를 공유함으로써 우리 구성원끼리만 통하는 공통된 화제를 갖게 된다. 수십여 가지의 소통 프로그램과 장치들을 마련하는 목적이 여기에 있다. 그 시간들을 통해 관찰한 결과,

나는 우리 구성원들이 대체로 차분하고 분석적이며 맡은 일을 잘한다는 신뢰를 갖게 되었다. 소통을 통해 구성원과의 관계를 일대일로 업그레이드한 결과다.

새로운 프로젝트를 시행하면 가장 먼저 필요한 게 소통이다. 건설사업 관리의 경우 발주자를 대신해서 프로젝트를 끌고 가야 하는데, 그러기 위해서는 수많은 이해당사자의 처지에 귀 기울이고 조율하는 게 우선이기 때문이다. 건물을 하나 지으려면 발주자, 설계자, 시공사, 하도업체들이 있어야 한다. 그들의 이해관계도 다 다르다. 기본적으로 현장 책임자가 이들과 소통하려는 노력을 하지만, 회사 내부적으로 사장과 실무진의 생각이 달라서 혼선이 생기는 경우도 자주 발생한다.

이 복잡한 관계망에서 어느 한쪽과 소통이 끊어지거나 오해가 생겼다가는 걷잡을 수 없을 정도로 큰 사고가 터지는 경우가 있다. 크고 작은 차이는 있겠지만, 건설업계가 아닌 다른 회사들도 사정은 비슷할 것이다.

지난 20년간 수많은 프로젝트를 수행하다 보니 소통과 관련한 다양한 교훈을 얻었다. 소통에 실패해 난처한 경우도 있었고, 어렵다고 생각했던 일이 상대와 적극 소통한 결과 원만하게 해결된 경우도 있다. 소통은 세심하고 꾸준해야 한다. 소통을 성공시키는 기술 또한 그렇다.

결국 일을 정확하게 끝내는 기술이 소통이다. 소통이 잘 될 때 건설업에서는 바로 좋은 품질로 보장받기 때문이다. 소통은 행복 경영의 과정이자 필수적인 경영수단이다.

세계는 넓고 할 일은 많다

한미글로벌의 전신은 한미파슨스이다. 파슨스는 미국 CM업계 정상을 다투는 명성 높은 회사다. 국내에 첫 CM 전문 기업으로서의 위상을 알리는 동시에 CM 전문 회사로서의 기술력과 인력을 일정 수준까지 끌어올릴 비즈니스 모델로 파슨스는 제격이었다.

물론 이것은 어디까지나 경영 초기의 목표이고, 나는 더 큰 그림을 그렸다.

'파슨스의 선진 경영 시스템을 우리 회사에 도입해 기업 구조를 구축한 다음, 국내 인력과 기술력을 키워 독자적으로 사업을 하겠다.'

한미파슨스 시절, 몇 번의 위기가 있었지만 회사는 빠른 속도로 성장했다. CM에 대한 업계의 인식이 좋아지면서 용역 수주도 비약적으로 뛰었다. 기분 좋은 흐름이었다.

사업이 어느 정도 안정 궤도에 다다랐다는 판단이 서자 나는 야심

차게 다음 단계에 돌입했다. 2002년 나는 파슨스에 의존하지 않고 세계적인 건설 현장에서 경력을 쌓은 외국인 기술자를 직접 채용했다. 회사 설립 초기부터 쌓은 우리의 기술력에 전문성을 갖춘 외국인 기술자들을 확보해 회사의 수준을 글로벌 기준에 맞추려는 전략이었다.

외국 기술자들을 회사에 영입하면서 원활한 소통을 위해 회사에서 영어를 소통 수단으로 정했다. 회사에서 구성원 간의 생각을 정확하게 전달해 시간 소모를 줄이기 위한 특단의 조치다. 영어로 자기 의사를 자유롭게 표현하는 것은 글로벌 시대의 필수 조건이다.

그해에 우리 회사는 또 다른 도전을 준비하고 있었다. 국내 시장을 넘어 해외 진출에 나서는 것이다. 중국 상하이에 대표 사무소를 설립한 것을 시작으로 동남아시아의 시장을 개척해나갔다. 2011년 한미글로벌로 사명을 변경한 뒤로는 해외 선진시장으로 진출하기 위한 속도도 빨라졌다.

현재 한미글로벌은 해외 기업 인수합병(M&A)도 적극 추진하고 있다. 영국의 터너&타운젠드사와 합작해 원가관리 전문회사를 세운 것을 시작으로 에너지 컨설팅사 에코시안(ECOSIAN), 미국 종합엔지니어링 회사 오택(OTAK), 건축디자인 전문회사 아이아크(iarc) 등을 인수했다. 최근에는 인테리어 플랫폼비지니스 회사인 이노톤(INOTONE)과 책임형 CM을 전담하는 한미글로벌 E&C를 설립했으며, 호주의 PM 기업인 T사와 미국의 PM/CM 기업인 D사에 대한 M&A도 추진해 글로벌시장 확대를 꾀하고 있다. 에너지사, 엔지니어링사, 설계업체 등 회사의 주종목 분야도 다양해졌다.

앞서 말했듯이, 글로벌 시대를 준비하는 것은 기업만의 문제는 아니다. 다가올 미래에 경쟁력을 갖추기 위해서는 개개인이 글로벌 마인드로 준비되어야 한다. 해외 시장에 눈을 돌려라. '아는 만큼 보인다'는 말이 있지 않은가. 해외 취업이 젊은이들에게는 새로운 블루오션이 될 수 있다.

한 취업 포털의 조사를 보면 해외 취업 채용 공고가 최근 꾸준히 늘고 있다고 한다. 해외 취업을 하는 사람들도 꾸준히 느는 추세다.

취업을 바라보는 관점을 넓혀야 한다. 중국, 인도, 미국 등 외국으로 시야를 넓히면 국내에서처럼 치열하게 경쟁하지 않고도 목표를 이룰 수 있다. 그러니 가능하다면 낯선 나라의 새로운 문화도 배우고 다양한 사람들을 만나라. 글로벌 업무 시스템과 근무 환경도 경험하며 경력을 쌓아라.

우리 회사는 신입 사원을 뽑을 때 반드시 인턴 과정을 거쳐 인턴에서 검증된 인재만 뽑는다. 선별된 인턴 사원은 무조건 해외에 내보낸다. 초기에는 1년간 무조건 해외에서 인턴 생활을 하도록 했으며, 지금은 6개월로 줄여서 시행하고 있다. 신입 사원 때부터 글로벌 환경을 경험하라는 회사 차원의 배려이다.

독서는 곧 경영

나는 이른바 '아침형 인간'이다. 보통 새벽 4시 30분에서 5시 사이에 일어난다. 잠에서 깨어나면 가장 먼저 스트레칭을 간단히 하면서 몸에 활력을 불어넣는다. 체조가 끝나면 짧은 명상을 한다. 차분한 마음으로 그날 해야 할 일들을 정리한다. 조찬모임이 없는 날은 독서를 한다. 읽고 싶은 책은 많은데 읽을 시간이 없고 해서 나름 마련한 대책이다.

해외출장을 갈 때는 되도록 혼자만의 시간을 가지면서 집에서 챙겨온 책을 읽는다. 안식 휴가 때도 한 달은 산에 자리를 잡고 독서삼매경에 빠진다. 책 읽기는 새로운 아이디어를 창출하는 나만의 비결이다. 언젠가부터 독서광으로 조금씩 알려지면서 책 관련 인터뷰를 하는 일이 많이 생겼다. 책 읽기의 중요성을 강조하고 인생에 도움이 될 만한 책들을 자주 추천해준다. 그러다 보니 시대의 리더들이 책에 대한 지론을 담은 책에 내 이야기도 실리게 되었다.

왜 이렇게 책을 좋아하게 되었는지를 생각해보니, '후회'가 컸기 때문이었던 것 같다. 책을 읽지 않고 지낸 젊은 날에 대한 후회 말이다. 그때는 몰랐지만 현자들이 남긴 인문, 사회, 과학, 예술 등을 간접적으로 경험할 수 있는 기회를 놓친 것이 정말 후회스럽다. 갈수록 오묘하고 신비한 세상에 그만큼 알아야 할 게 많아지고 있는데 그간 바쁘다고 책을 소홀히 했구나 생각하니 자괴감이 밀려온다.

회사를 다니면서 책 읽을 시간을 마련하는 건 생각보다 힘들다. 의식적으로라도 책 읽을 시간을 만들지 않는 이상, 독서는 시간이 남아도는 한가한 사람들의 일처럼 들릴 수도 있다. 책 읽기가 정말 중요하다고 강조하면 책 읽기를 시도하기 전에 변명부터 앞세우는 사람이 있다. 책 몇 권 본다고 달라지겠느냐, 그런다고 탁월한 인재가 될 수 있겠느냐, 전공 책만 읽으면 되지 않느냐 하면서 바쁘다는 말로 책 읽기를 게을리하는 이유를 변명한다. 회사를 운영하는 나에게는 더욱 현실적인 질문들을 하는 사람들이 있다.

"독서가 과연 경영에 도움이 되나요?"

의심쩍은 눈초리로 물어보면 나는 작정한 듯이 대답한다.

"그럼요. 제가 독서에 매달리기 시작한 때가 언제인지 알아요? 창업 직후였어요. 회사를 창업한 후 독서의 필요성을 절감하기 시작했죠. CEO란 자기 사업의 세부 지식도 알아야 하지만 관련업계의 동향과 흐름을 꿰고 있어야 하잖아요. 회사를 이끌어가는 데 필요한 경영

지식을 두루 섭렵하기에는 책보다 좋은 게 없어요."

기업을 성장시키려면 경영 능력만이 아니라 인문학적 소양까지 잘 갖추어야 한다. 아니, 기업이 아니라도 독서를 많이 하면 사람이 달라진다. 생각의 폭과 깊이가 달라지고 다르게 볼줄도 알게 돼, 내 안에 잠재된 새로운 아이디어를 끌어올릴 수 있다.

일신우일신(日新又日新)이라는 말도 있지 않은가. 중국 고대 은나라의 시조 탕왕이 세숫대야 바닥에 이 글귀를 새겨 놓고 세수할 때마다 어른거리는 물에 비친 글자를 들여다봤다는 일화처럼, 나에겐 책 읽기가 날마다 새로워지려고 애를 쓰는 의식과도 같다. 하루 일과가 새로워지면 인생이 온통 새로운 일로 가득할 거란 희망도 생긴다. 이런 말들을 하면 그제야 상대도 고개를 끄덕인다.

그렇게 혼자서 책을 읽다가 이 좋은 문화를 회사에 정착시키는 게 좋겠다는 데에 생각이 미쳤다. 그런데 우리 회사는 분위기상 책을 가까이하지 않는 건설업계다.

'건설업계 사람들은 별로 책을 가까이하지 않지. 전공 책이나 겨우 볼 정도 아닐까. 구성원 각자의 역량을 강화하기 위한 것으로 독서만 한 것이 없는데……. 그래, 책을 돌려가면서 보자. 독서 릴레이 캠페인이 답이야.'

이 좋은 책 읽기를 혼자 향유할 수는 없어서 회사가 대대적으로 나서기로 했다. 2003년 '독서 릴레이 캠페인'을 실시해 책 읽기에 구성원들을 동참시켰다. 초기에는 현장별로 조를 짜서 독서그룹을 만들고 각 그룹에서 희망 도서를 신청한 뒤 회사에서 책을 구입해 조원들이 돌려가며 책을 읽었다. 책을 다 읽으면 사내 통신망에 자율적으로 독후감을 올리도록 했다.

초반부터 내 기대가 너무 컸는지, 구성원들의 참여가 저조했다. 강제성이 없고 어디까지나 자율적으로 참여하도록 하자 책 읽기가 자주 뒷전으로 밀려났다. 업무에 밀려서 나중엔 책 읽기가 흐지부지 되거나, 건성으로 책 읽는 시늉만 하다 마는 사람들도 생겨났다. 하는 수 없이 대표인 내가 직접 나섰다. 사내 통신망에 올라온 구성원들의 독후감을 하나하나 확인하고, 독후감을 쓰지 않은 구성원이 있으면 독후감을 빨리 보내라고 독촉 메일을 보냈다.

"알아서 책만 읽으면 되지, 독후감을 꼭 써야 하나요?", "글쓰기는 죽기보다 싫어요", "바쁜데 언제 독후감을 써요?", "우리가 고등학생인가요?"라며 반발하는 구성원도 있었다. 자율에 맡긴 일을 CEO가 나서서 확인을 하고, 회사 일을 하기도 빠듯한 시간에 업무와는 관련이 없는 듯한 일을 하라고 시키니 반발이 생기는 것도 당연했다.

나는 책 읽기에 적극 참여해 달라고 호소하는 한편 글쓰기가 우리 업무와도 밀접한 관련이 있다는 말로 구성원들을 설득해나갔다.

"우리 회사는 글쓰기가 필요한 회사입니다. 발표를 하거나 각종 제안서, 보고서를 작성해야 하는 업무가 아주 많습니다. 그게 다 글로 하는 소통 아니겠습니까? 글로 상대를 설득하려면 평소 연습이 필요합니다. 글은 써야 실력이 늘어납니다."

글은 소통의 수단이다. 말로 하는 소통도 중요하지만, CM 업무상 서류를 주고받는 일이 많은 우리 회사에서 글은 중요한 소통 수단이라고 힘주어 강조했다.

더불어 독서 릴레이 캠페인을 진행하면서 구성원들의 소리를 듣고 방식을 하나씩 개선해 나갔다. 책을 돌려보는 방식이 번거롭다는 지적을 듣고 개인별로 도서 구입비를 지원하는 방식으로 바꿨다. 이것을 시작으로, 2005년부터는 회사에서 지정한 온라인 서점에 들어가 개인이 연간 15만 원 한도 내에서 도서를 구입할 수 있도록 했다. 2009년부터는 도서 지원금을 20만 원으로 늘렸고, 현재는 도서 구입비 제한을 사실상 없앤 상태다.

우리 회사 구성원들은 최소한 달마다 책 2권 이상을 봐야 한다. 그중 한 권은 다른 구성원들과 같이 보는 책이다. 회사가 책 한 권을 지정하는 것인데, 그 선정 방식이 까다롭다. 우선 사내에 있는 도서선정위원회가 후보 책들을 고르고, 구성원들이 그 달의 책을 투표한다. 투표로 선정된 책들을 보면 직무와 관련 있는 책들이 다수지만 되도록 어느 특정 분야만을 고집하진 않는다. 업무와 관계된 책들도 있고, 미래 트렌드, 경영, 자기계발서까지 분야도 다양하다. 마찬가지로 책을 읽으면 독후감을 써야 한다. 사내 통신망에 올라온 독후감은 도서선정위원회에서 읽고 매달 우수 독후감 11편을 뽑아 시상한다.

사내에 책 읽기가 정착하면서 주위에서는 많은 사람들이 부러워한다. 구성원들의 반응도 좋다. “책 읽기를 4번째 원칙으로 해야 한다”,

"책 읽기는 죽기 살기 활동이다", "독후감 쓰기는 글쓰기와 업무 역량을 높여준다"는 말도 들려왔다.

물론 아직까지 독후감을 의무적으로 제출하는 것에 불만인 목소리도 있다. 책 서평이나 서문만 읽고 다른 사람의 글을 대충 베껴 내거나 다른 사람에게 독후감을 쓰라고 시키는 등 편법을 동원한다는 소리로 들려왔다. 하지만 이건 '정직'을 첫 번째 핵심 가치로 내세운 회사가 내부에서부터 스스로 가치를 위배하는 사태이기 때문에 나에게 상당히 큰 문제였다. 한 달에 한 권의 책을 읽는 것도 제대로 못 지키면서 어찌 큰일을 할 수 있다고 말할 수 있을까? 좀 더 철저하게 독후감을 체크했다.

사람들은 독서를 '문화'로 생각하지만 내가 생각하는 독서는 '경영'이다. 독서를 문화로 생각하면 TV를 보거나 게임을 하듯 시간이 여유가 있을 때라야 하는 취미 생활이 된다. 하지만 독서를 경영이라고 생각하면 책 읽는 것이 곧 자기계발이다. TV 시청이나 게임으로 시간을 흘려보내는 것과는 차원이 다른 활동인 것이다. 책 읽기를 회사 차원에서 운영하는 이유도 여기에 있다.

독서에 대한 생각이 다를 수 있다. 독서의 중요성에 공감하더라도 어떤 책을 보고 어떤 방법으로 책 읽기를 할 것인가에 대한 생각 역시 다를 수 있다. 한 달에 한두 권 책을 읽는다고 사람이 곧바로 달라지는 것도 아니다. 하지만 꾸준히 자기계발을 하는 과정을 통해 인재는 만들어진다고 생각한다.

역사가 하루아침에 이루어지지 않듯이 위대한 인재와 기업도 결코 단기간에 만들어지지 않는다. 여기에 자그마한 바람이 있다면 구성원 중에 5년, 10년마다 주어지는 두 달 동안의 안식 휴가 때 책 100권 읽기에 도전하는 구성원들이 나왔으면 하는 것이다.

취업 위기로 자존감이 땅에 떨어진 청춘들에게는 자신이 좋아하는 인물들의 자서전이나 전기를 읽어보라고 권한다. 빌 게이츠도 좋고, 스티브 잡스도 좋고, 이나모리 가즈오도 좋다. 내가 읽은 자서전 중 두 권을 추천한다면 난 스티브 잡스와 리콴유의 자서전을 꼽는다.

스티브 잡스의 자서전 《스티브 잡스》는 왜 인류 역사를 스티브잡스 이전과 이후로 구분해야 되는가를 말해주는 책이다. 앞서 언급하기도 했지만, 완벽에 대한 열정과 맹렬한 추진력으로 살아온 그의 인생을 추적해보는 재미도 있다. 나는 실제로 그가 애플스토어를 지을 때의 안목을 보고 회사를 경영하는 데 많은 힌트를 얻었다.

싱가포르를 선진국가로 이끈 리콴유가 쓴 《리콴유 자서전》과 《내가 걸어온 일류국가의 길》도 일독을 권한다. 이 책들은 일반 책들의 두 배 이상이 되는 분량이라 나도 책을 조금 보다가 도저히 엄두가 안 나서 한 번 덮었던 적이 있다. 설악산으로 첫 번째 안식 휴가를 떠나면서 다시 도전했고 결국 끝까지 읽었다. 그의 이야기에 감명을 받아 아직까지 주위에 자주 권한다. 동남아의 조그만 도시국가로서 부패와 빈곤, 파업과 시위가 일상사였던 싱가포르를 깨끗한 선진국으로 발돋움시켰던 리콴유의 열정적인 애국심과 리더십에 줄곧 감탄하게 된다. 요즘처럼 리더의 위상이 땅에 떨어진 우리나라에 리더십이 무엇인가를 생각하게 하는 책이다.

팍팍한 삶을 살아가는 게 힘들고 고민이 되는 청춘들에게는 헬렌 니어링이 쓴《아름다운 삶, 사랑 그리고 마무리》라는 책을 권한다. 헬렌 니어링이 여든일곱에 쓴 이 책은 그녀가 남편 스콧 니어링과 53년을 같이 살아온 삶의 역정을 보여 주는 자서전이다. 반세기 넘게 서로의 빈곳을 채우며 부부로 살아온 이야기도 좋고, 땅에 뿌리박는 삶을 실천하며 삶과 죽음을 맞이하는 태도도 좋다. 책 제목처럼 이 땅에서 삶, 사랑, 마무리를 어떻게 맞이해야 하는지도 생각해볼 수 있다.

안식 휴가, 잘 쉬어야 일도 잘한다

2016년 3월, 두 달간의 안식 휴가를 끝내고 회사에 복귀했다. 한 달은 설악산에서 홀로 지내면서 43년 직장생활을 정리하는 박사 학위 논문을 준비하는 데 보냈고, 나머지 한 달은 아내와 단둘이 해외여행을 했다. 마우이에서 평소에 타 보지 못한 컨버터블 · 스포츠카를 타고 하와이 일대를 여행하고 휴식을 하면서 새로운 사업 분야도 구상했다.

이번 휴가는 회사에서 맞는 세 번째 안식 휴가였다. 안식 휴가에 대한 이야기를 하면, 사람들은 의심쩍은 표정으로 묻는다.

"정말, 회사에서 두 달 간의 안식 휴가가 가능한가요?"

"그럼요. 당연하죠. 우린 5년, 10년마다 제도가 있어요. 회장인 내가 먼저 가지 않으면 구성원들이 부담이 되어 못 쓸 거예요. 그래서 내가 먼저 나서서 안식 휴가를 써요."

"아니, 정말 회사를 비워두고 휴가를 떠날 수 있어요? 회장님이 결재할 서류도 많을 텐데."

"하하, 이미 잘 쉬고 오겠다고 CEO 단상에도 공지했는데요, 안식 휴가 중에는 전화기도 꺼두고 회사에 일절 보고하지 말라고 해요. 휴가가 업무의 연장이 되어서는 안 되니까요. 뭐, 우리 회사 구성원들이 다 알아서 잘할 거예요."

홀가분하게 휴가를 떠난다고 못을 박아도 사람들은 그 말을 잘 믿지 못한다. 두 번째 안식 휴가 때도, 첫 번째 안식 휴가 때도 질문이 변하지 않으니까 말이다. 집요하게 의심의 눈길을 보내는 사람을 위해서 속세와의 인연을 일절 끊고 산 하루하루를 구체적으로 들려주기도 했다.

"2012년 안식 휴가 때는 40일 동안 설악산에 있었어요. 새벽 4시 30분이면 잠에서 깨요. 그리고 등산로를 따라 2시간 걷죠. 등산하는 시간을 제외하고는 거의 하루 종일 책을 읽었어요. 하루에 두 권 읽으려고 작정하고 책 100권을 준비해 갔는데, 목표에는 좀 못 미쳤어요. 그래도 하루 한 권 이상은 읽었어요. 처음 설악산에 들어간 게 1월이었는데 한동안 눈이 오지 않다가 주말에 함박눈이 내리대요. 주변이 온통 설국으로 변했어요."

"설악산 18.5킬로미터를 종주했어요. 한계령에서 중청, 소청, 희운각, 천불동 계곡, 설악동까지 가는 코스예요. 첫 안식 휴가 때도 이번과 같은 코스였어요. 그땐 열 시간 걸렸는데, 이번엔 중간중간 쉬면서 경치 감상도 하고 사진도 찍고 느긋이 식사를 하고서도 아홉 시간 반 만에 주파했어요. 40일간 빠짐없이 등산을 하며 체력을 단련했던 것이 헛되지 않았나 봐요, 하하. 나도 놀랐다니까요. 등산하던 날엔 산이 안개로 뒤덮여 설화가 절경을 이뤘죠. 지금 생각해도 정말 환상적인 산행이에요."

열심히 안식 휴가를 보내고 오면 다들 부러움으로 쳐다본다. 안식 휴가를 하루하루를 알차게 보낸 덕에 내가 얻은 것들도 많다. 몸과 마음이 풍성해지고 몸무게가 2~3kg 빠져 저절로 다이어트가 된 건 덤이다.

평소에 하고 싶었으나 일하면서 할 수 없는 일들도 마음껏 했다. 등산을 하며 준비해 간 음악 CD 200장은 다 듣고 모차르트 전집 CD의 626곡도 거의 다 들었다. '열 가지 생각' 주제를 정해 사색도 했다. 내가 정한 열 가지 생각거리는 '반성하고 감사할 일', '가족 관련 사항','친구', '회사 성장', '은퇴 후 여생', '버킷 리스트' 등이다. 40일간 열 가지 주제를 정해 집중하면서 생각을 발전시켰더니 산을 내려오는 날 어느 정도 머릿속이 정돈됐다.

안식 휴가 제도는 지금으로부터 약 10년 전에 만들었다. 2006년 1월 처음으로 생겼고, 1호 수혜 대상자가 나왔다. 안식 휴가를 구상한 건 직원들이 출근하고 싶은 회사를 만들자는 생각을 하면서부터다.

2004년인가 1박 4일 일정으로 무리하게 중동 출장을 간 적이 있다. 잠은 대부분 비행기에서 잤고, 빠듯한 일정에 몸과 마음이 굉장히 힘들었다. 한창 바쁠 때였지만 이래선 안 된다고 생각한 이후 몇 년 지나지 않아 안식 휴가를 실행에 옮겼다.

가정과 회사, 삶과 일의 균형을 잡기 위해서는 일에 매몰되지 않고 머리를 비우는 시간을 갖는 것이 중요하다. 머리를 비워야 창의적인 아이디어가 떠오른다는 것을 지난 회사 생활의 경험으로 잘 알기 때문이다.

휴가의 가장 좋은 점은 일상을 떠나 나만의 시간을 가질 수 있다는 것이다. 자신을 돌이켜보고 앞으로의 일을 구상하며 생을 관조하고 여생을 어떻게 살아야 할지 계획할 수 있다. 그동안 회사에 매여 있느라 챙기지 못한 건강 상태를 되돌아보고 건강에 대한 중요성도 되새길 수 있다.

회사 생활을 하느라 소홀했던 가족을 보살피고 같이 있는 시간을 늘릴 수 있다는 점도 좋다. 이로써 보다 건강한 가족 공동체가 형성된다고 생각한다. 다른 것보다 가족 관계는 자신의 노력에 따라 크게 개선될 수 있는 부분이기 때문이다.

안식 휴가를 떠나는 구성원들에게 주어지는 의무는 단 하나다. 휴가 계획과 휴가 동안의 행적을 사내 통신망에 남기는 것이다. 나부터 휴가 계획과 휴가를 보낸 과정을 기록해서 남겼다. 이것은 나중에 뒤를 이어 휴가를 떠나는 사람들에게 휴가를 어떻게 보낼지를 미리 계획하고 준비하도록 하기 위한 것이다. 두 달의 휴가가 결코 짧지 않은 시간인데 사내 통신망에 올라온 휴가 경과서를 읽으면 다들 적절하게 휴가를 보내는 것 같다.

어떤 사람들에게 두 달은 어영부영 하면 허송세월할 수도 있는 시간이다. 그래서 난 평소에 '일주일만 시간이 있다면 이걸 꼭 하고 싶다'고 생각했던 일들을 미리 적어놨다가 휴가 때 실행한다.

어떤 임원이 휴가 동안에 하고 싶은 여섯 가지 일을 미리 계획한 것을 봤다. 농촌주택체험, 해외여행, 자녀들과 시간 보내기 등 계획을 잘 세워 휴가 동안에 평소에 못 하던 여섯 가지 일을 모두 하고 돌아왔다. 회사에 복귀한 후 그의 얼굴에 건강한 혈색이 감도는 게 보였다.

단기 여행이든 장기 여행이든 계획만 잘 세우면 큰 경비를 들이지 않고 해외여행을 다녀올 수 있다. 앞으로 구성원들에게 세계 일주 항공권을 지급할 구상도 하고 있다. 현실에서 벗어나 낯설고 새로운 것들을 보고 시야를 넓힐 수 있는 기회가 쉽사리 오지 않기 때문이다. 비록 세계 경제 위기가 닥치는 바람에 지원 계획을 뒤로 미루긴 했지만, 언젠가는 꼭 실행에 옮길 예정이다. 두 달로 부족하면 석 달로 휴가를 연장해서라도 구성원들에게 세계 일주 기회를 주고 싶다.

간혹 두 달 동안의 공백기가 생기면 회사의 업무 생산성이 떨어지지 않느냐고 말을 하는 사람이 있다. 전혀 그렇지 않다. 두 달을 충전하고 건강한 몸과 마음으로 다시 업무에 복귀하기 때문에 업무생산성은 당연히 는다. 두 달 동안 휴가를 가면 공석이 생기는데, 그것을 메울 인력은 따로 채용하지 않는다. 함께 일하는 동료들이 알아서 조금씩 더 부담한다.

농경시대처럼 무조건 성실하게 일을 해야 하는 시대는 지났다. 일과 삶이 조화를 이뤄야 한다. 그것이 요즘과 같은 창조적 시대에 맞는 경쟁력 있는 인재가 되는 길이다.

100년 인생 설계가 필요한 때

2016년 5월의 주말, 회사 창립 20주년 기념 걷기 대회가 있었다. 출발 지점은 잠실 롯데월드타워, 도착 지점은 상암 월드컵 경기장으로 20km의 거리 행진이다. 그날 회사 구성원들과 외부 인사 약 900여 명이 참석해 성공적으로 대회를 마쳤다.

출발 지점과 도착 지점 두 곳은 한미글로벌 CM의 역사에서 가장 괄목할 만한 프로젝트 현장이다. 상암 월드컵 주경기장은 회사를 설립한 지 2년째 되던 해 우리 회사가 공공 부문 최초로 CM 용역을 수주한 곳이고, 롯데월드타워는 국내 최고의 초고층 건축으로 2016년에 완공될 곳이다. 쓰레기 냄새 나는 버려진 땅을 후보지로 선정해 세계적인 월드컵 주경기장 건립에 성공한 상암, 15년 동안 다녀서 힘겹게 수주하고 우여곡절 끝에 완공하게 된 잠실 롯데월드타워의 지난 스토리가 우리 회사의 CM 역사와 오버랩되었다.

그날은 나도 대회에 참가해 완주했다. 20km는 평소에 잘 걷지 않던 사람들에게는 꽤 힘들었을 거리다. 사실 걷기 대회에 참석하기 위해 몇 주 전부터 몸 관리에 들어갔다. 거의 매일 걷기 연습을 하고 회사에선 엘리베이터를 타지 않고 계단 오르기를 했다. 미련한 짓이라고 생각할 정도로 연습을 한 덕에 꽤 먼 거리였는데도 후유증이 없었다. 게다가 상위권에 랭크되었다. 동료들과 함께 땀을 흘리면서 걷는 기분은 정말 행복했다. 달리기나 바이서클, 등산 등도 좋지만 안전하고 돈도 안 들고 쉽게 할 수 있는 운동으로 걷기보다 좋은 운동은 없다고 생각한다.

창립 20주년을 기념하며 향후 100년 기업이 되기 위해서는 지속적인 혁신과 도전 정신으로 각종 시스템과 인프라 구축, 핵심인재 양성 등을 이끌어가야 함을 느꼈다.

일본 교세라 창립자인 이나모리 가즈오가 쓴 책 《왜 일하는가》에는 인생 방정식이 나온다. '인생 또는 일의 결과 = 능력 x 열의 x 사고방식'이 그것이다. 사람의 능력도 중요하지만 능력보다 중요한 것이 열의와 사고방식이라고 했다. 또한 열의보다 사고방식이 중요하며 긍정적인 사고방식으로 살아야 한다고 강조했다. 교세라 기업을 이끄는 그의 철학이 우리 회사가 추구하는 것과 흡사한 점이 많아서 공감되는 부분이 많았다. 그래서 젊은 구성원들에게도 인생의 기나긴 항로의 나침반으로 삼을 만하니 책을 읽어보라고 권유하기도 한다.

인생의 항로에는 분명 '성공 방정식'이 있다. 꿈을 가지고 이루려 갈망하고 고민하면 언젠가는 반드시 이뤄진다. 먼저 꿈을 가져라. 인생의 목표 지향점을 가지고 어떻게 살지를 생각하라. 인생 비전을 글로 써서 구체화하라. 스스로에게 약속하라.

가능한 한 5년 또는 10년 단위로 '나는 언제 무엇을 어떻게 하겠다'는 사명 선언서를 작성하고 인생 설계를 하라.

우리 인생은 마라톤이다. 결코 100m 달리기가 아니다. 그러므로 긴 안목으로 자기를 단련하고 발전할 수 있도록 노력해야 한다.

내 얼굴에 책임질 수 있는가

“사람은 40세가 되면 자기 얼굴에 책임을 져야 한다.”

미국 대통령 링컨이 한 말이다. 이 말이 나오게 된 에피소드가 재미있다. 링컨이 대통령이 된 다음 함께 일할 사람을 주변에서 추천받아 면접을 봤다. 그런데 이야기를 몇 마디 나눠 보지도 않고서 그 사람을 탈락시켰다. 면접자가 가고 나서 추천자가 떨어뜨린 이유를 물었더니 링컨은 얼굴이 마음에 안 들었다고 대답했다. 어찌 실력은 보지 않고 타고난 얼굴만 보고 사람을 떨어뜨리느냐고 항의하자 그때 링컨이 한 말이 위의 말이다. 어릴 적 얼굴은 부모님에게서 물려받았다고 해도 나이 40 이후의 얼굴은 자신이 만드는 얼굴이라는 뜻으로 한 말이다.

나도 링컨의 말에 적극 동의한다. 젊을 때에야 잘생기고 예쁜 얼굴이 눈에 띌지 모르지만 나이가 들면 아니다. 얼굴에는 인격이 나타난다. 그 사람의 생각과 마음이 얼굴에 반영되기 때문이다.

어릴 적 링컨의 명언을 듣고 어린 마음에 40세의 내 얼굴은 어떻게 생겼을지 정말 궁금했다. 도둑은 도둑의 얼굴을 갖게 되고 군인은 군인의 얼굴을 갖게 될 텐데, 나는 어떤 얼굴을 갖게 될까를 생각하며 미래의 내 모습을 떠올리곤 했다. 그 후 우연히 책 속에서 내가 마음에 그리던 얼굴을 찾게 되었다. 한동안 교과서에도 실린 이야기, '큰 바위 얼굴'에서였다.

이야기를 짧게 소개하자면 이렇다. 미국의 어느 작은 마을, 꼬마 어네스트는 엄마에게서 마을에 전해 오는 이야기를 듣는다. 저 멀리 마을을 굽어보고 있는 큰 바위 얼굴을 닮은 사람이 언젠가 마을에 나타날 거라는 전설이다. 어네스트는 어서 전설의 주인공이 나타나기를 바라며 큰 바위 얼굴처럼 자신도 남에게 부끄럽지 않게 열심히 살겠다 결심한다. 날마다 큰 바위 얼굴을 바라보며 자신과의 약속을 지켜나가던 어네스트는 어느새 큰 바위 얼굴을 닮은 사람이 되어 있었더라는 이야기다.

사춘기 시절, 한창 사고를 치고 다니면서도 유난히 미래의 내 모습이 궁금했었는데 큰 바위 얼굴 이야기는 내 마음을 온통 사로잡았다. 내가 어떤 사람이 될지는 모르겠지만 큰 바위 얼굴처럼 모범이 되는 얼굴이 되면 좋겠다고 생각했다. 그 후 큰 바위 얼굴은 지금까지 나의 가상의 멘토가 되고 있다.

어네스트가 오랜 동안 품었던 희망과 염원은 그 자신을 그 방향으로 변화시켰다. 마침내 어네스트는 그 자신이 큰 바위 얼굴이 되었다. 이것을 나는 '큰 바위 얼굴 원리'라고 부른다. 큰 바위 얼굴 이야기가 우리에게 주는 메시지는 간절히 원하면 꿈은 이루어진다는 것이다. 어네스트의 간절한 염원이 자신을 변화시켰듯이 마음속에서 꿈꾸는 대로 살아가다 보면 어느 순간 그 꿈을 이루게 될 것이라고 믿는다.

어린 시절의 나를 떠올리면 현재의 나를 상상하기란 쉽지 않다. 말썽이 잦고 반항심 넘치던 내가 한 기업을 책임지는 기업가가 될 것이라고 처음부터 자신한 것도 아니었다.

앞서 고백했지만 나는 학창 시절엔 문제아 소리도 들었다. 그래도 운은 좀 따라 소위 말하는 명문대에 들어갔다. 대학에서 건축을 공부하면서는 건축을 새롭게 접목시킬 궁리를 했다. 농촌이 굉장히 못 살던 때라 어떻게 하면 건축을 활용해서 농가 소득을 올릴 수 있을까, 그런 마을을 만들 수 있는 마스터플랜은 무엇일까 고민했다.

사회생활을 하면서부터는 모범생의 자세로 꾸준히 노력하면서 살아온 덕에 비교적 성공한 CEO로 부각될 수 있었다. 호기심과 깡을 빼고는 평범했던 내가 회사의 CEO가 되고 건설업계에서 인정받기까지는 정직함의 대명사인 링컨처럼 부끄럽지 않게 살면서 남들이 우러러 보는 큰 바위 얼굴 같은 사람이 되겠다는 소망이 있었기 때문이다.

회사를 다닐 때는 내 말과 행동에 책임지겠다는 생각으로, 회사를 경영하면서부터는 회사에서 벌어지는 모든 일에 책임지겠다는 각오로 일했다. 회사 구성원들에게도 구성원의 말이 곧 회사의 말과 같으니, 회사 관련해서 자신이 한 말에는 반드시 책임을 지라고 아주 철저하게 훈련시켰다.

회사 규모가 커지고 구성원들의 수도 늘어나면서 이러한 신념들이 흔들리는 순간들이 한 번씩 왔다. 한번은 우리 구성원이 계약을 따온 적이 있었는데, 외부 업체와 계약을 하면서 이런저런 가당치 않은 약속을 했다고 했다. 회사에서는 그런 약속을 한 적도 없고 들어줄 수 있는 조건도 아니었다. 그 구성원을 불러 마구 혼을 냈다. 계약을 따기 위해 보기 좋은 감언이설로 지킬 수 없는 약속까지 하고 들어주지 못하면 바로 고객과의 신뢰가 깨지기 때문이다.

다시는 함부로 약속하지 않겠다는 말을 받아내고, 계약한 업체와는 구성원이 약속한 대로 처리했다. 구성원의 말이 곧 회사의 말이 된다는 지지와 더불어, 지킬 수 있는 약속만 하자는 교훈을 모든 구성원들에게 심어주기 위해서였다.

원칙을 갖고 경영을 해 온 결과, 회사의 시작은 미약했지만 20년이 지난 지금에는 국내에서 CM 사업을 이야기할 때에 우리 회사를 빼고 이야기할 수가 없게 회사가 성장했다. 국내에 CM 개념을 인식시키고 정착시킨 회사가 우리 회사이기 때문이다.

강력한 염원을 담은 꿈은 반드시 이루어진다. 이러한 꿈의 실현은 역사적으로도 많이 있었고 우리 주변에서도 많이 볼 수 있다. '피그말

리온 효과'라는 말도 있지 않은가. 키프로스의 왕인 피그말리온이 이상적인 여인을 조각상으로 새기고 이와 같은 여인을 아내로 맞이하게 해달라고 강렬히 빌어 마침내 조각상이 사람으로 현신한 것처럼, 강렬히 염원하고 노력하면 그 꿈은 반드시 이루어진다. 인생은 생각의 크기에 달라진다. 큰 꿈을 가져보자!

에필로그

청춘, 그 출발점에 다시 서서

"건축과 토목에도 조예가 깊었던 다산 정약용 선생의 실사구시와 민본주의 정신을 본받아, 우리나라 건설 산업의 발전을 위해 혼신의 힘을 기울이겠습니다. 한미글로벌이 고객과 함께하는 100년 기업이 되도록 할 것입니다. 앞으로도 적극적인 시장 개척과 인수합병 등을 통해 해외 거점 시장에 진출하고 글로벌 톱을 향한 도전을 계속하겠습니다."

2016년 9월, '다산 경영상' 시상식에서 수상 소감을 마무리하면서 가슴이 뭉클했다. 수상 소감을 적고 몇 번씩 다듬으면서도 그랬다. 아무 기반도 없는 상태에서 오로지 열정 하나만을 믿고 도전했던 지난날들을 보상받는 것 같기도 하고, 아직 끝나지 않은 도전의 역사를 이어가야 할 것 같은 사명감도 느꼈다.

2016년은 내게 여러 가지로 뜻 깊은 해다. 한미글로벌이 창립 20주년을 맞이했고, 개인적으로도 '대한민국 100대 CEO'에 열한 번째 선정되고 다산 경영상을 수상하는 등 영광스러운 일들이 있었다. 100년 기업을 바라보며 결기를 다지는 한편 지금까지 회사를 경영해오면서 행복하고 감사한 일이 많았음을 느꼈다.

지금도 난 감사하고 행복한 일이 많은데, 더 행복해지자고 행복 경영을 외친다. '기업이 행복해야 개인과 사회가 행복하다'는 평소의 지론처럼, 행복 경영을 잘 실천해서 회사가 발전하고 인정을 받았으면 좋겠다. 이를 통해 우리 회사의 행복을 구현하는 데 그치지 않고, 더 나아가 사회 전체에 행복의 유전자가 널리 퍼졌으면 좋겠다. 그래서 직장인이나 학생들을 대상으로 한 강연에도 '직장인들이여, 행복해지자', '젊은이들이여, 행복해지자'는 제목으로 강연을 할 때가 많다. 행복한 행복 전도사가 되고 싶은 게 나의 욕심이다.

내 어릴 적은 모두가 살기 어려운 시절이었다. 집집마다 형제들도 많았다. 부모들은 자녀들을 하나하나 챙길 여력이 그리 많지 않았다. 막내는 숟가락 하나 더 놓는 셈 치고 키우는 식이었다. 우리 부모님도 내게 새 옷 한 벌 사 주신 기억이 없다. 사과 한쪽을 먹기 위해서는 하루 종일 어머니를 졸라대야 했다.

내가 어렵게 자라서인지, 결혼 후에 자식을 낳아 교육할 때에도 내 어릴 적의 생활 습관이 그대로 나왔다. 아이가 밥을 남겨서 쌀 한 톨이라도 낭비하면 크게 혼냈다. 아이가 어릴 때 우리 집이 그 정도로 찢어지게 가난한 편이 아니었는데도 그랬다. 습관이라는 게 이렇게 무섭다.

아직 자기가 설 곳을 찾지 못한 젊은이들에게 하고 싶은 말도 이것이다. 좌절과 무기력이 습관처럼 몸에 배게 내버려두지 마라. 설 곳이 없어 방황할 수는 있다. 그런 자신이 작아지는 것처럼 느껴질 수도 있다. 그렇다고 '헬조선'과 같은 말로 우리 사회를 비하하고 스스로를 무기력하게 만들지는 말자.

말에는 고유한 힘이 있다. 한번 내뱉은 말은 다시 자기에게로 돌아와 스스로의 행동을 규정한다. 그러니 습관처럼 냉소와 자조 섞인 말로 '어차피 노력해도 안 될 거'라고 미리 절망하지는 않았으면 좋겠다. 절망은 실패와 좌절의 기억들만을 재생산하고 행동을 제한할 뿐이다. 절망의 프레임에 갇히면 미래로 나아가기 위해 스스로 할 수 있는 일이란 건 아무것도 없다.

개천에서 용 나는 시대는 지났다고 말하는 사람도 있지만, 아직 그런 말을 하기엔 이르다. 여전히 개천에서 용이 날 가능성이 있는 시대라고 믿어라. 자학하고 좌절하기에는 아직 청춘은 힘이 있다.

엔지니어 멘토 03

완벽을 향한 열정

1판 1쇄 발행 | 2016. 12. 22.
1판 2쇄 발행 | 2017. 1. 11.

김종훈 지음

발행처 김영사 | **발행인** 김강유
편집 고영완 | **디자인** 김순수 | **진행** 손혜령 오수연
등록번호 제 406-2003-036호 | **등록일자** 1979. 5. 17.
주소 경기도 파주시 문발로 197(우10881)
전화 마케팅부 031-955-3102 | 편집부 031-955-3113~20 | **팩스** 031-955-3111

값은 표지에 있습니다.
ISBN 978-89-349-7649-3
ISBN 978-89-349-6843-6 (세트)

좋은 독자가 좋은 책을 만듭니다.
김영사는 독자 여러분의 의견에 항상 귀 기울이고 있습니다.
독자의견전화 031-955-3139 | 전자우편 book@gimmyoung.com
홈페이지 www.gimmyoungjr.com | 어린이들의 책놀이터 cafe.naver.com/gimmyoungjr

이 시리즈는 산업통상자원부의 지원을 받아 NAEK 한국공학한림원과 김영사가 발간합니다.

이 도서의 국립중앙도서관 출판시도서목록(CIP)은 서지정보유통지원시스템 홈페이지(http://seoji.nl.go.kr)와 국가자료공동목록시스템(http://www.nl.go.kr/kolisnet)에서 이용하실 수 있습니다.
(CIP제어번호 : CIP2016030348)